大是文化　一生、進化する 筋膜リフト美顔

筋膜拉提美顏

年輕不只10歲

每天10分鐘，消皺紋、
塑小臉、除法令紋與黑眼圈，
上妝更容易，朋友甚至懷疑
妳去醫美。

日本知名保健食品
芝麻明的代言人、
被譽為「奇蹟53歲」的
筋膜拉提自我照護指導員
佐藤由美子◎著
林佑純◎譯

目錄。

第二章。改善你最在意的問題

第三章。創造凍齡奇蹟，我的美麗習慣

第四章。臉部問題消失，內心就強大了

每天10分鐘，比10年前更美麗

眼下略顯鬆弛、臉部輪廓下垂、肌膚失去光澤、法令紋越來越深……。

四、五十歲的人能感受到自己的臉出現變化，正慢慢的老去，因此有些焦慮，我也有相同的感受。

但沒關係，妳隨時能恢復美麗。只需要動動自己的雙手，每天十分鐘，好好的面對鏡子，從臉部筋膜的自我護理開始，就可以靠自己的力量變美。

推薦序

自己調整筋膜，最快且沒有副作用

——筋膜肌肉徒手治療與體態動作調整專家 葉懿昕

挺拔的身形和緊緻年輕的臉龐，會讓人打從心裡感到自信。在希臘神話裡，就有一個關於容貌的故事：

公主賽姬為了找尋丈夫丘比特，歷盡千辛萬苦，完成維納斯交給她的四個任務。其中最困難的，就是賽姬必須進入地獄，向冥后索取一盒女神級的保養聖品駐顏霜並帶回人間。

當賽姬順利取得駐顏霜後，因希望自己再見到丘比特時可以更加美麗，所以她沒能抗拒誘惑，違反禁忌打開盒子，想拿出駐顏霜敷在臉上。但是盒子裡裝的不是駐顏霜，而是來自地獄的睡雲，賽姬便沉沉的睡去。

賽姬早已擁有超越維納斯的美貌，但她還是甘願冒險觸犯禁忌，只為美顏永駐。

本書作者佐藤由美子和妳我一樣，在歲月逝去下，外貌上逐漸出現下垂、鬆弛、皺紋，身體也變得僵硬。「要好好珍惜自己」是我和她在步入中年之後相通的默契與理念。而筋膜系統，正是一個可以處理這些困擾的關鍵。

筋膜組織包覆全身，串聯身體從淺至深相關的組織與臟器，具有穩定支撐人體骨架與身體塑形的功能。維持健康的臉部筋膜彈性，不只和皮膚的緊緻光澤有關，更重要的是，**臨床常見的肩頸痠痛、偏頭痛、睡眠品質不佳、暈眩耳鳴等頸椎相關問題，都與頭臉部位的筋膜彈性張力有關。**

作者在書裡提供許多學員案例，每個案例都有清楚的對比照片。她們原本幾乎都有五官歪斜和身體痠痛的困擾，不過依照作者的步驟，進行一段時間的筋膜護理後，狀況都改善許多。

在我超過二十年的臨床經驗中，印象最深刻的，是某位女性因為顳顎關節問題，張嘴和吃東西都疼痛，於是尋求物理治療。此外，她還因長期頭痛，每天都要吃止痛藥才能入睡。就在我檢查她的口腔咬合肌肉時，赫然發現她的口腔內層有一整圈粗厚疤痕圍繞著上下顎。她說，那是她二十年前因一場嚴重車禍而動過臉部手術所留下的。

筋膜、肌肉、韌帶等軟組織的張力與拉力就是這麼強大，二十年前外傷導致的沾黏疤痕，讓她整個頭、臉、頸部的張力失衡，頭痛二十年，甚至牽連到顳顎關節。

這本書最值得推薦的地方，是作者掌握生物力學、復健醫學和自然療法的概念，不同於一般的美容按摩，而是做到筋膜按摩裡很重要的「層次」，使用真人照片清楚的標示教學，非常簡單就能上手。

或許有人會說：「我靠醫美整形不就好了？」請看看我前面提到的案例，**用自己的雙手來調整筋膜彈性，是最快且沒有副作用的方法。**

動動雙手，每天一點點，妳會越來越喜歡自己。

前言。
從不喜歡照鏡子，到愛上自己的臉

人不管到了幾歲都能改變。為了讓更多人知道這一點，我著手寫了這本書。

我以前很沒自信。不但體質易胖，在我反覆減肥的過程中，健康也受到影響。儘管生活中有不少改變的機會，但當時的我遲遲無法跨出一步。

結婚後，我成為家庭主婦、母親，還要照顧生病的親人……重重壓力下，我在三十七歲就開始失眠。

為了改善這個狀況，我接觸了瑜伽，因此成功減下懷孕期間增胖的二十公斤，這件事讓我的自信在體內逐漸成長茁壯。漸漸的，我還產生「要好好珍惜自己」的想法，於是我在四十五歲時決定離婚。

37 歲

53 歲

38 歲

53 歲

41 歲

53 歲

▲ 藉由筋膜護理，我現在 53 歲，卻看起來比以前更年輕。

後來，我把「為失去自信的女性盡上一份心力！」作為使命，開始深入學習人體結構，了解筋膜以及矯正骨骼的美容技術，並進一步學習腦科學、心理學等。

我一邊擔任瑜伽教練，一邊照顧女兒，同時取得骨骼調整、筋膜按摩等資格，甚至開發原創的筋膜拉提美顏自我護理法（見下頁圖）。

從面對面指導學員，到後來的線上教學課程，我收到許多回饋：

「皺紋和臉部的下垂改善好多。」

「我變年輕了！」

許多人不僅看到臉部變化，也感受到內在的改變，她們變得更有自信、**積極，臉上的笑容也比以前還多。**

現在，輪到妳了。

請用妳的雙手，展現出那份獨一無二的美。

基礎篇

臉部前導按摩

基礎拉提

舒緩僵硬的筋膜，疏通老廢物質。

首先，我們藉由手指或拳頭施加適當的壓力和熱度，放鬆僵硬的筋膜，按摩能促進體內循環，使偏移的筋膜組織恢復整齊。同時，也能疏通日積月累的老廢物質，使臉部線條看起來更加清爽。

進階版

改善局部困擾

進階按摩

集中矯正各部位筋膜。

接下來，我們會集中護理多數人最在意的部位，例如「想淡化法令紋」、「讓眼睛看起來更有精神」等。透過基礎拉提來改善筋膜的狀態，再加上進階按摩，就能改善臉部的困擾。

▲ 我開設的筋膜拉提美顏自我護理法分成 2 個階段，本書後文會詳細介紹。

臉部線條下垂的原因——筋膜變鬆了

筋膜是覆蓋在肌肉和內臟等身體各組織上的一層薄膜，由堅韌的膠原纖維和富有彈性的彈性纖維構成，當筋膜擁有足夠的韌性，臉部就會向上拉提（見下頁圖）。

然而，隨著年紀漸長，筋膜內的水分與膠原纖維等開始減少，再加上肌肉的使用方式，以及臉部的左右差異，都會造成筋膜偏移和鬆弛。除此之外，當人體內堆積老廢物質和脂肪，會助長皮膚鬆弛及產生皺紋。

由於筋膜與骨頭相連，所以一旦筋膜偏移，便對骨骼帶來負面影響。

有人覺得自己「臉型跟年輕時不太一樣」，部分原因就是筋膜鬆弛所致。

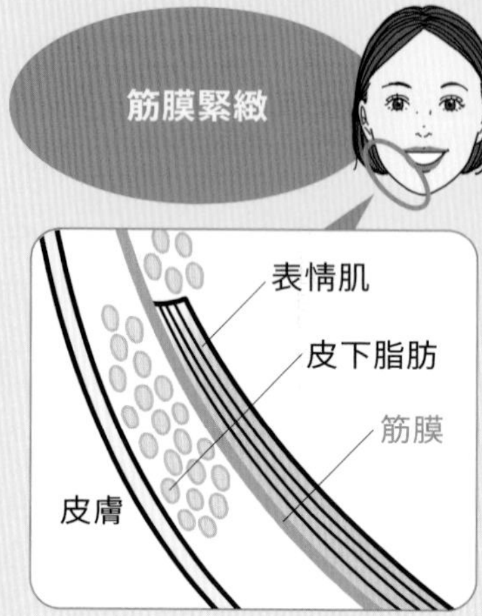

血液和淋巴液等基質循環良好，沒堆積老廢物質。

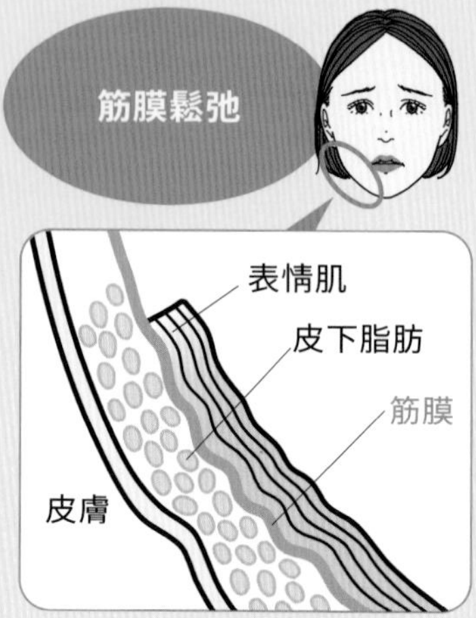

筋膜鬆弛會堆積多餘的基質，使皮膚下垂、失去彈性，爲血液和淋巴液等帶來壓迫感，影響面部循環。

有彈性！

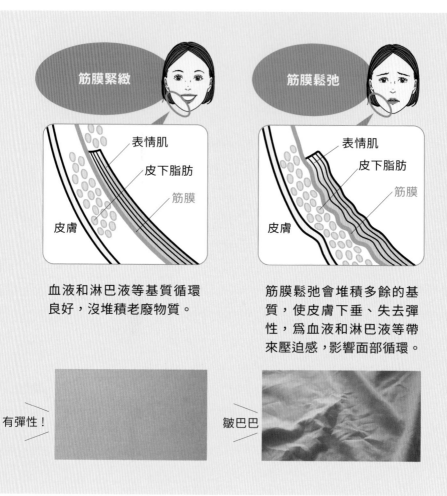

皺巴巴

才一個月，我的臉就看起來不一樣了！

我基本上是利用網路開課，所以可以近距離看到學員的臉部，能明顯看出他們的變化。

就算只是兩個小時的課程，也能有效改善肌膚暗沉，氣色變好，臉部輪廓更顯緊緻，為眼神增添光彩。

持續一個月後，學員也覺得「自己的臉看起來很不一樣」，充分展現出每個人原有的美麗樣貌（見下頁、第二十一頁圖）。

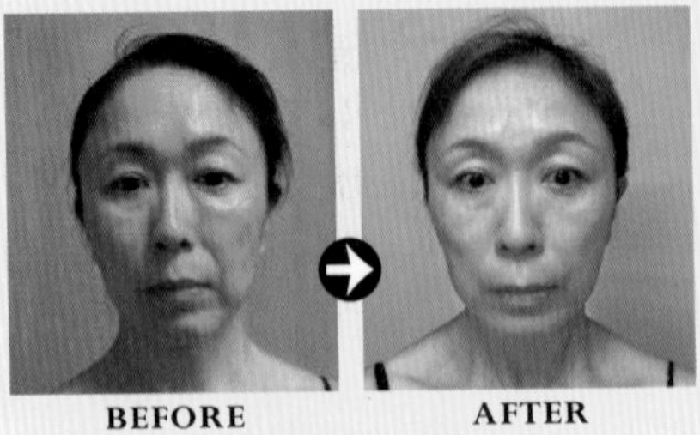

嘴角歪斜和臉部左右兩邊不對稱的狀況都有改善！由於臉頰不再下垂，讓我不排斥照鏡子。
（真理子／五十多歲）

人一到 50 歲，外觀會突然變老。不過拉提美顏後，我的臉頰看起來沒那麼鬆弛，臉部線條讓我看起來更年輕。只要堅持下去，效果一定更明顯。
（MADOKA／五十多歲）

跟許久未見的朋友聚會時，他們看著我，問：「妳是不是有整形？」沒想到竟然變化到這種程度！
（R. M／四十多歲）

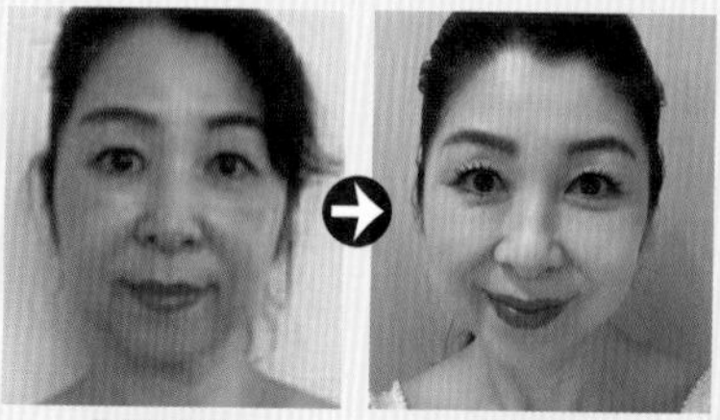

BEFORE　AFTER

雖然體重沒有變化，但是臉變小了，別人還以為我變瘦了。下巴的輪廓線更加明顯，也改善了臉頰的鬆弛問題。
（S／五十多歲）

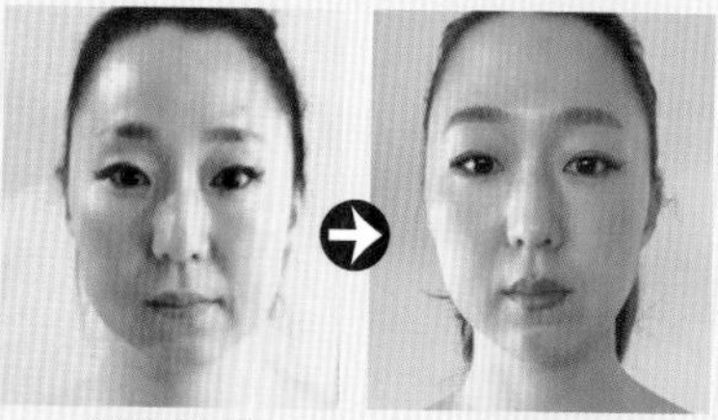

BEFORE　AFTER

我的臉從圓形變成橢圓形，朋友看了很驚訝：「整張臉都變小了。」如果我當初沒做任何護理，現在可能是滿臉皺紋的大嬸。
（池田／四十多歲）

只試過一次，就感覺臉部的血液循環變好了！ 3 個月後我的臉頰位置明顯往上提，我不再為臉部皺紋、鬆弛或凹陷困擾。
（N. S／五十多歲）

〈案例分享〉

眼睛變大了，五官更立體

由於工作關係，廣子必須一直戴著口罩。在長期戴口罩的情況下，臉上會缺乏表情，導致表情肌缺乏活動，筋膜也會變得僵硬。這是造成臉部鬆弛的一大主因。此外，廣子的胸鎖乳突肌（按：其位置見四十六頁圖）淺到幾乎看不見，像被埋起來一樣。

這是我人生中，眼睛最大的時候

當我們疏通胸鎖乳突肌周圍的筋膜，滯留在臉部的水分及老廢物質才容易流通，這要透過日常的基礎自我護理，才能夠達到成效。

學員資訊　廣子

年齡	五十多歲	保養	幾乎每天
職業	日語教師	時段	每天約早上 6 點

BEFORE

三個月後

AFTER

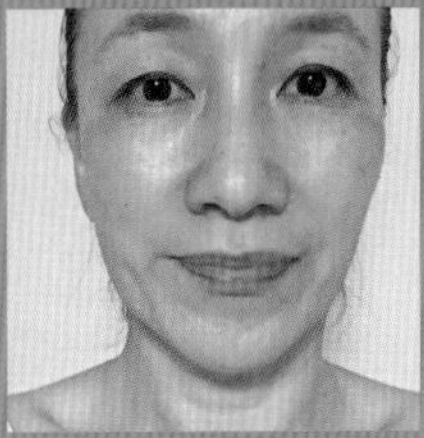

臉部問題

- □ 臉部鬆弛　□ 雙下巴
- □ 瞇瞇眼　□ 法令紋

- ◎ 臉部輪廓小了一圈
- ◎ 眼睛變大，五官顯得較立體
- ◎ 臉頰產生拉提效果，明顯下巴往內收

▲ 廣子按摩臉部以舒緩筋膜，不只改變臉型，五官也更立體。

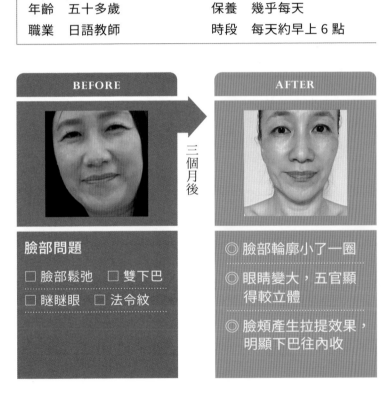

上過一次課程後，廣子的臉頰有明顯的拉提效果。按摩筋膜後，可疏通堆積在臉部的老廢物質，促進血液循環，進而改善鬆弛和下垂等問題。不過，如果無法堅持每天護理，很快就會回到原本狀態。

所以，廣子即使生活忙碌，仍每天堅持進行自我護理，課程上了一個月，她便脫胎換骨，不只臉部肌膚緊緻，鼻梁還顯得特別挺。三個月後，她的臉變得更加立體，其中最大的變化是眼睛。廣子笑說：「這是我人生中，眼睛最大的時候。」那雙帶著笑意的大眼睛，顯得格外閃閃發亮。

體重沒變，臉卻小一圈

——廣子

我體重沒有改變，但看起來好像變瘦了。我想是因為臉部肌膚變緊實、消水腫的關係。尤其在我嘗試進階護理後，每次照鏡子，都會發現臉部出現變化。雖然有時會忙到忘了做，但我會在隔天醒來時，簡單按摩胸鎖乳突肌和胸口，然後在化妝前做完剩下的護理。

我過去不喜歡照鏡子，一想到自己的長相，就很沮喪，現在回想起來，那段日子就像是場夢。現在即使不倚賴高價化妝品或醫美，也能透過雙手來按壓自己的臉，讓五官更好看。

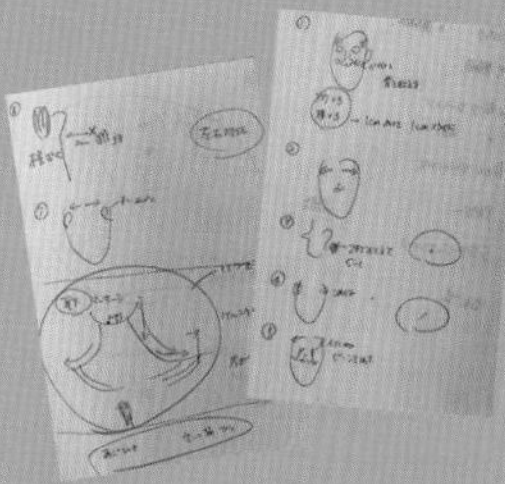

▲
我會把線上內容整理成筆記。

〈案例分享〉

肌膚有光澤，上妝更容易

佳織起初為「臉部肌肉鬆弛、皺紋增加」而煩惱，但我更擔心她因不良姿勢導致的歪斜骨架。

從照片中（見左頁圖），我們看不到她的脖子，這是典型的直頸病。當頭部過度向前傾斜，使人體需要多負擔原本兩倍以上的重量，此外，還有下巴錯位，長期下來，臉部線條逐漸拉長。

按摩筋膜時感覺「痛」，代表有伸展空間

我告訴佳織：「要先矯正姿勢。」進行基礎自我護理課程後不久，我

▶ 學員資訊　佳織

年齡	四十多歲	保養	幾乎每天
職業	主婦	時段	每天早上

BEFORE

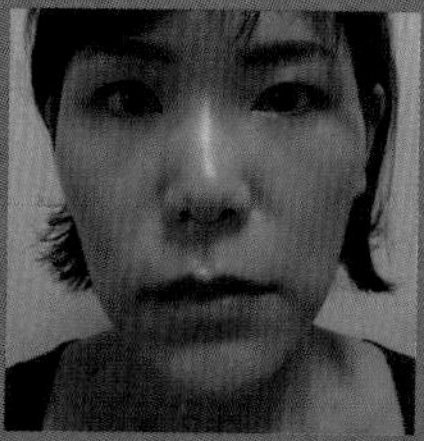

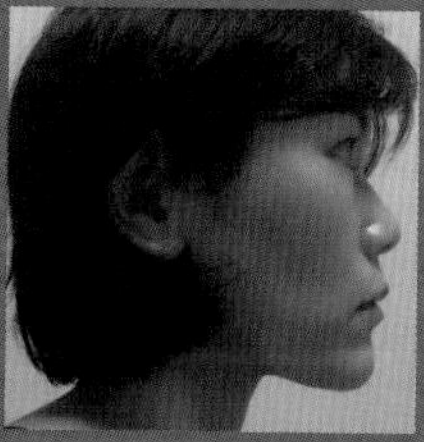

三個月後

AFTER

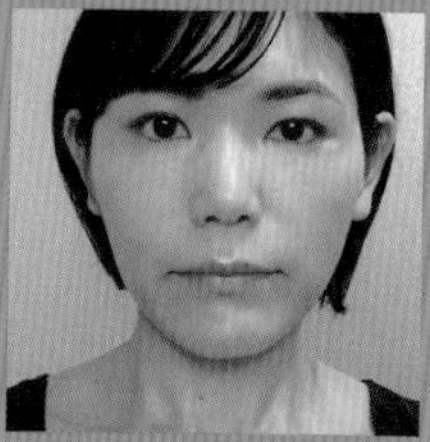

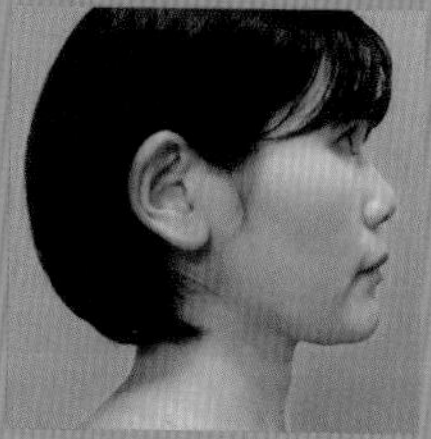

臉部問題

- ☐ 臉部鬆弛　☐ 抬頭紋
- ☐ 法令紋　☐ 顴骨突出
- ☐ 斑點、暗沉

◎ 臉小了一圈

◎ 肌膚恢復彈性與光澤

◎ 從眼周能看出拉提效果，眼睛顯得更有神

▲ 佳織頭部過度傾斜，按壓筋膜後，重拾美麗肩頸。

發現佳織臉部筋膜非常僵硬。她不斷叫著：「很痛！」

我對她說：「會覺得痛，就表示筋膜已經扭曲，才會變僵硬。換句話說，**痛就代表筋膜有伸展空間**。當它們回到原本位置，臉部自然會出現明顯變化。」

如上頁圖所示，佳織在短短三個月間，經歷一場大變身。她的臉型有變化且**輪廓變得緊緻**，整張臉看起來小了一圈。此外，護理有助於改善血液和淋巴的循環，讓營養與氧氣能充分送到肌膚，**提升臉部肌膚狀態**，更突顯出她肩頸線條的美麗。

眼皮和臉頰恢復彈性，享受化妝樂趣

——佳織

生了第二個孩子後，我就很少打扮了。久違照鏡子一看，才發現自己臉部有些下垂，皺紋和法令紋非常明顯，眼皮看起來鬆垮垮，令我十分震驚。

後來，我在ＩＧ上看到由美子老師的線上課程，便報名接受指導，即使只操作一次，臉明顯感受到向上拉提的效果。我現在不但氣色變好了，臉也變得容易上妝，不再需要多花時間來化妝。

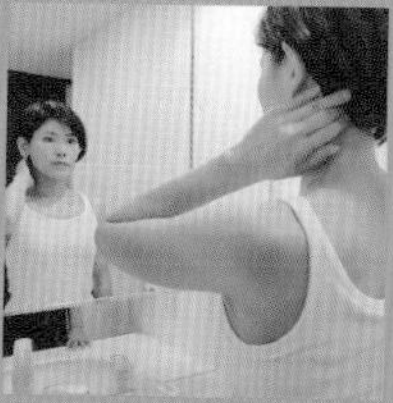

▲ 我每天早上在浴室的洗手臺進行簡單的自我護理。

〈案例分享〉
左右不對稱的情況消失了

久子曾抱怨：「最近覺得自己看起來很老。」就算用了化妝品，仍沒有任何改變。久子的臉左右差異十分明顯，而且臉型看起來較長。

她的下巴尖端沒對齊臉部中央（見左頁圖），其主因可能是下顎。下顎部位只透過關節連接到顳骨（顱骨的一塊），沒有完全固定在頭骨上，因此容易出現偏移。

長時間使用電腦，頸部肌肉鬆弛

我認為，她可能經常在下巴歪斜的狀態下，持續進食和說話，加速筋

學員資訊　久子

年齡	五十多歲	保養	幾乎每天
職業	上班族	時段	早上在客廳

BEFORE

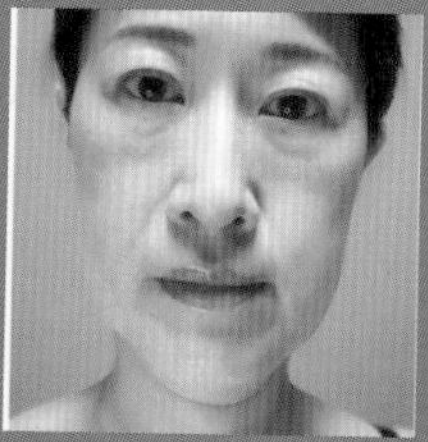

三個月後

AFTER

臉部問題

- □ 眼睛下方鬆弛
- □ 下巴鬆弛
- □ 臉部左右不對稱
- □ 斑點、暗沉

- ◎ 臉部左右對稱
- ◎ 輪廓線清晰俐落
- ◎ 肌膚恢復彈性透亮

▲ 久子左右臉不對稱，看起來很蒼老。她利用工作休息時間放鬆胸鎖乳突肌，肌膚恢復彈性。

膜與骨架變形，臉型也隨之改變。

此外，久子的脖子特別細，胸鎖乳突肌也較不明顯，證明她平時較少活動到頸部。這可能導致頸部肌膚鬆弛，臉部容易堆積老廢物質。在基礎自我護理課程中，我詳細介紹如何疏通胸鎖乳突肌，在進階護理課程裡，則介紹到如何改善臉部左右不對稱的情況。

由於久子因工作須長時間使用電腦，所以我提醒她：「在休息時間，要盡量放鬆胸鎖乳突肌及胸口部位。」

看看她護理胸鎖乳突肌三個月後的照片，變化很大吧！久子的臉不但小了一圈，左右不對稱的情況也消失，恢復原本的美麗。

效果好到像動整形手術

——久子

我的兒子出社會工作後，我開始想：「我要好好享受人生了！」不過，這時我注意到自己老態漸現。於是上網搜尋資訊，想找方法來改善，最後找到了由美子老師。她指導的很仔細，而且精確，我深刻感受到「這個人真有兩把刷子」！

只要努力，臉部就有了改變，不只是調整左右臉不對稱，就連長期困擾我的顳顎關節障礙也有改善。被拉長的臉部逐漸恢復原狀，皮膚上的斑點也變淡了。母親甚至還懷疑我做了整形手術。除了家人，公司同事和便利商店的店員都對我的變化感到驚訝。

〈案例分享〉

我不再需要醫美了

長居美國的真澄曾接受肉毒桿菌等醫美療程，並明確表達出「希望哪個部分可以變成怎樣」。真澄非常認真的審視自身狀況。因此我深信她一定會有所改變。

即使體重變重，拉提讓我看起來還是瘦

果不其然，才上了第一堂課，她的臉部就明顯向上拉提，法令紋看起來淡了許多。真澄激動的表示：「能遇到老師，真的是太好了！」

學員資訊　眞澄

年齡	五十多歲	保養	必定每天
職業	教育相關	時段	剛起床時

BEFORE

三個月後

AFTER

臉部問題

- □ 法令紋明顯
- □ 眼下有深深的淚溝
- □ 臉部浮腫
- □ 感覺臉變大了

- ◎ 氣色變好，肌膚紋理變細緻
- ◎ 臉部向上拉提
- ◎ 臉部變小，實現V字下巴

▲ 眞澄臉部明顯浮腫，開始拉提後，疏通老廢物質，不用靠醫美，臉自然變小了。

真澄特別在意法令紋及眼下淚溝，其實這些問題都可以透過進階護理來改善，使筋膜向上拉提。除了按摩，也需要配合呼吸來進行調整。如此一來，才能疏通臉部的老廢物質，消除臉部的浮腫。

三個月後，真澄的臉明顯變小了，但她笑說：「我其實胖了三公斤！」無論多麼疲憊，或是在旅行中，她都持續進行自我護理。效果也獲得她美國丈夫的支持和稱讚，使生活更美滿。

第一次有感肌膚充滿緊緻與彈性

——真澄

四十八歲時，我的外貌明顯老化，而且想法越來越消極。當時的我想參加由美子老師的私人課程，丈夫卻強烈反對。所以我只參加一次團體課程而已，不過透過反覆練習，我的臉部明顯產生變化，丈夫對此十分驚訝，後續才支持我參加私人課程。

更讓我訝異的是，即便像我這種三分鐘熱度的人，也能每天持續下去。因為努力的成果會直接呈現在臉上。不僅是外在，內在也變得更健康，我覺得自己以後不再需要依賴醫美了。

▲ 胸鎖乳突肌變得更明顯，臉也變小了！

這本書的閱讀方式

1.閱讀序章進行準備

先讀第40頁至49頁，在充分理解我獨創的筋膜護理法原則後，效果會更明顯。

2.基礎護理

我們要一步步的舒緩緊繃的筋膜。若筋膜過於緊繃，只做一次護理，很難看見效果，所以需要反覆實踐。護理重點：

- 第56頁至61頁的護理要養成習慣每天做。
- 第62頁至77頁的護理，每2至3天做一次。

▶ 基礎護理
實際操作影片

3.進階護理

筋膜變鬆後，接著關注特定問題。藉由讓筋膜變緊緻，解決你關注部位的問題。護理重點：

- 你可以只做你關注的部位。
- 也可以做所有的部位。
- 每天實踐將更有效。

▶ 進階護理
實際操作影片

使用
按摩油

有這個標記的頁面上，請務必使用按摩油或其他類似產品。此外，我拍的照片和影片，是拍鏡子上的畫面，所以左右與實際相反。

序章。

拉提的基本概念

為了有效拉提臉部筋膜，
手指需要在肌膚上施加壓力。
若不依照正確方式進行，
可能會傷害敏感、脆弱的肌膚。

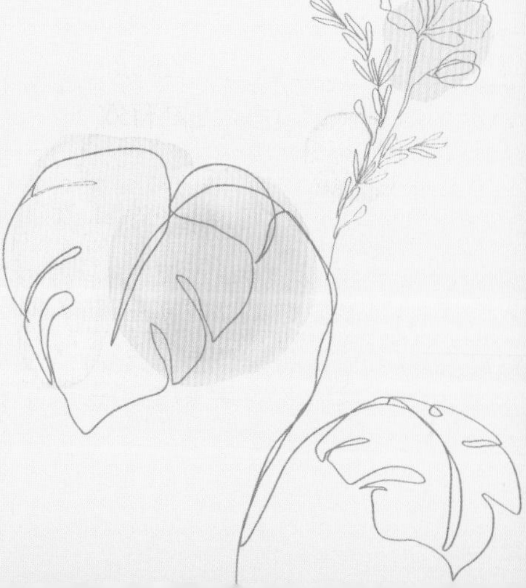

1 鏡子、雙手、按摩油，還有一點點幹勁

拉提只需要用到自己的雙手，不需要使用其他工具。由於有許多動作需要直接用指尖碰觸肌膚，所以在實際操作之前，請留意指甲的長度。

我建議一邊照鏡子，一邊按摩（我習慣使用三面鏡，見左頁上圖），以確認按壓的位置是正確的。在過程中，適量使用按摩油（見左頁下圖），以減少對肌膚的摩擦力。特別是在基礎自我護理時，為了徹底疏通老廢物質，手指需要在肌膚上推移，假如不塗抹任何東西，皮膚可能會因為摩擦而受傷、引發皺紋。

如果沒有按摩油，也可以用乳液或乳霜來代替，選擇你手邊現有的產品就夠了。如果在泡澡時進行護理，則不需要塗抹任何東西。

鏡子

▲ 我特別推薦能清楚觀察側臉的三面鏡。

按摩油

▲ 選自己喜歡的香味，能加強放鬆身心的效果。

2 絕對要避免摩擦

臉部筋膜護理的首要規則，是「避免摩擦」。

有些人可能誤以為拉提的過程，需要「用手指摩擦肌膚」，但這是錯誤的觀念，因為摩擦產生的刺激，可能會引發皺紋、斑點和暗沉。

重點是「按壓」深層的部分，而不是推動肌膚表面。按壓方式請參考左頁圖。

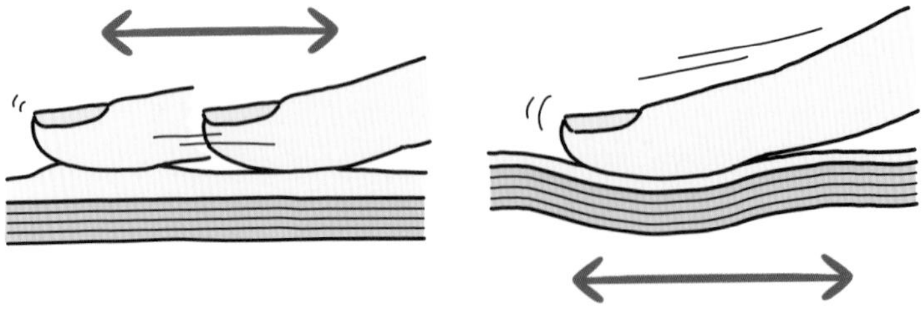

✕ 摩擦肌膚。

○ 不摩擦肌膚，而是設法推動深層筋膜。

以食指

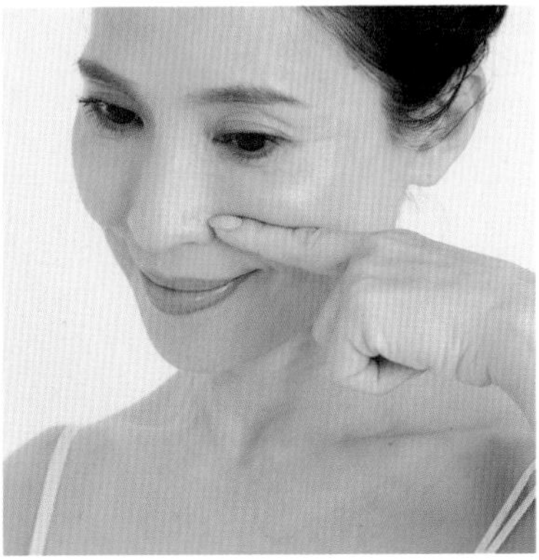

以四指

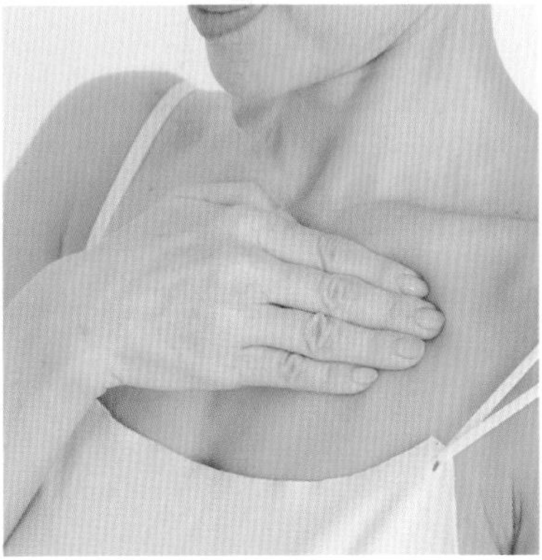

用拳頭

按壓重點

按壓，是指尖緊密貼合肌膚，在皮膚表面施力，以推壓到位於皮膚深層的筋膜。此外，使用指腹或指側等平面部分施力時，重點是要記得邊往深層部位推移。

3 筋膜拉提的原理

Q 為什麼按壓可以放鬆筋膜？

透過施加壓力與手指的熱度，筋膜細胞能恢復水分。筋膜含有水分和玻尿酸等保溼成分，但由於各種原因，如過度或是太少使用肌肉、衰老等因素，都會使筋膜逐漸失去水分和變僵硬。

透過按壓，可以有效使筋膜恢復原本的潤澤度。適度的壓力及熱度，能促進筋膜恢復水分，改善狀態。換句話說，**用手指就可以直接進行，不需要準備其他的按壓工具。**

Q 按壓的力道要多大？

維持在「有點痛但滿舒服」的程度，以肌膚不變紅為主要標準。

自我護理的目標是對筋膜施力，所以力道不能太輕。要按壓到能感覺到骨頭，如果按壓到肌膚變紅，就表示你過於用力。由於臉部肌膚非常脆弱、敏感，所以一開始，要根據個人狀況來調整力道。

Q 為什麼筋膜一恢復彈性，臉部形狀就會改變？

因為筋膜與骨骼相連，所以也能改善骨架變形問題。

人的顱骨不像安全帽由單一板狀構成，而是像拼圖一樣，由十五種共二十三塊的骨頭（包括舌骨），拼接而成。骨頭之間的交界處被稱作骨縫，許多人認為這些地方不會移動。事實上，由於每個人的口腔習慣和壓力狀態都不同，這些因素會使骨縫產生些微偏移或變形。筋膜是透過骨膜與骨頭相連接，所以當筋膜彈性狀態良好，能改善骨縫處的偏移問題。

Q為什麼課程結束後，氣色會變得更好，暗沉也會消失？

疏通筋膜之後，老廢物質就容易排出體外。

許多原因會造成肌膚暗沉，而血液循環不良和淋巴阻塞，是主要因素。當筋膜偏移或扭曲時，老廢物質和脂肪就容易累積，導致體液循環受阻。

如果想改善這種情況，疏通筋膜就顯得非常重要。**當筋膜恢復彈性，臉部的肌肉運動和血液流動自然變得順暢，能為皮膚提供營養物質和氧氣，進而恢復肌膚原本的光澤透亮。**

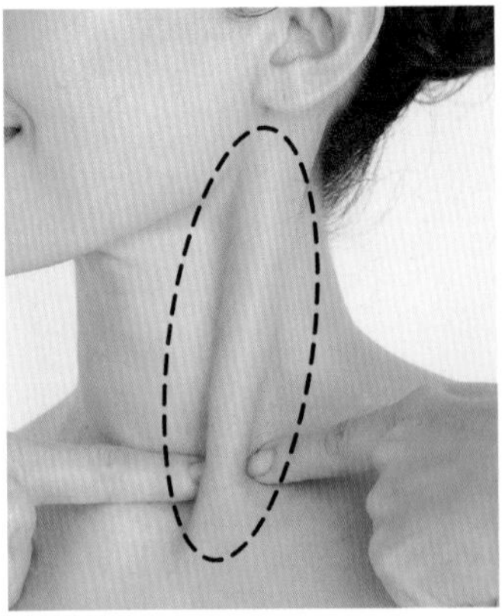

◀「胸鎖乳突肌」是關鍵

胸鎖乳突肌是一條自耳朵後方延伸至鎖骨內側端部的肌肉。若過於僵硬，血液和淋巴的流動會受到阻礙，導致臉部容易累積老廢物質，所以這個部位需要特別細心護理。

4 每天十分鐘，年輕不只十歲

即便只嘗試一次筋膜拉提美顏護理，也能產生效果。但這種狀態無法維持太久，由於重力加上生活習慣的影響，筋膜很快又會偏移。因此，我建議每天至少花十分鐘按摩（其順序見下頁圖），讓筋膜維持彈性。

手機頸，讓你看起來老十歲

在接觸過許多學員後，我發現不少人都需要優先改善姿勢。

被稱作「手機頸」的直頸病，是頭部習慣向前傾所導致，這樣的姿勢會讓臉看起來較大。更糟糕的是，長期下來容易拉扯到筋膜，成為皺紋和臉部鬆弛的主因。可以說，手機頸讓你看起來比實際年齡老十歲。

基礎拉提

總計 6 ～ 7 分鐘

舒緩僵硬筋膜，以改善身體循環。

每天：
- 胸鎖乳突肌
- ▼
- 胸口

2～3天一次：
- ▼
- 上頜骨～顴骨邊緣
- ▼
- 臉頰
- ▼
- 臉部輪廓線
- ▼
- 額頭
- ▼
- 全臉

進階按摩

加強某些部位

除了基礎護理，接下來可按壓特別在意的部位。

你有以下的困擾嗎？

- □ 法令紋
- □ 臉部輪廓線鬆弛
- □ 眼下鬆弛
- □ 黑眼圈
- □ 木偶紋
- □ 印地安紋
- □ 臉部左右不對稱
- □ 臉型變大
- □ 抬頭紋
- □ 頸部皺紋和鬆弛

頭部重量占總體重的一〇%。假如某人體重是五十公斤，那麼他的頭重五公斤。然而，手機頸的傾斜幅度更大，導致人體負擔的重量增加兩、三倍，換句話說，你的頭頸有如一直掛著十至二十公斤的重物一樣，這成為臉部下垂的一大主因。

所以，我們平時需要保持正確的姿勢。首先，維持骨盆端正，從股間向上提起，收緊下腹部。接著慢慢吐氣，內收肋骨。然後，將胸部輕輕往上提、將肩膀向後拉，並避免下巴上揚。如果專注於維持該姿勢，筋膜就會更容易恢復彈性。

✕ 錯誤姿勢

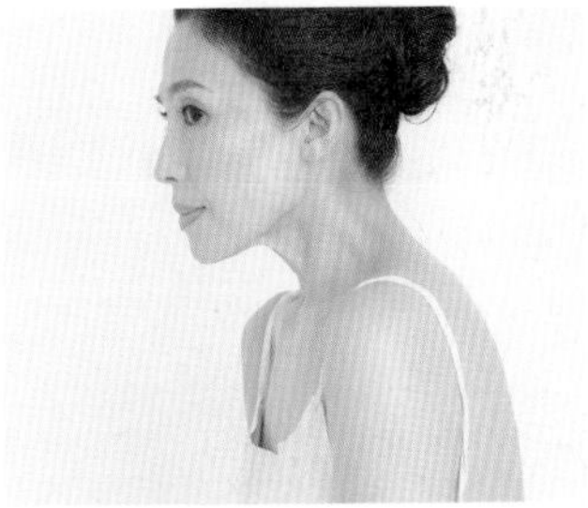

▲ 駝背與手機頸不僅會引發肩膀僵硬、疼痛，也會導致臉部輪廓下垂、產生頸部皺紋。

○ 正確姿勢

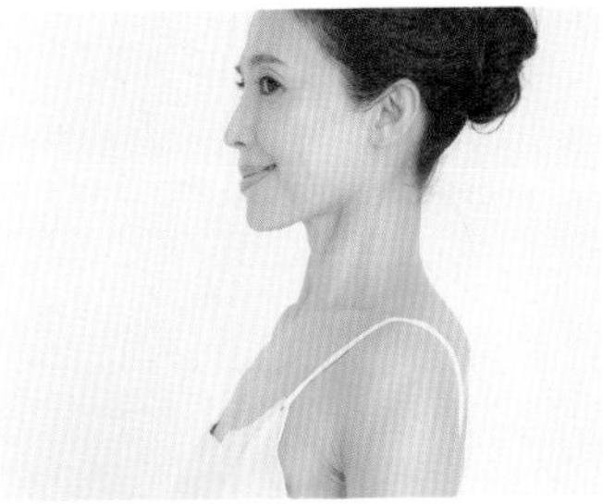

▲ 就像把頭端正的放在肋骨正上方般，將頸部向後拉，輕縮下巴並放低肩膀，這樣脖子看起來就會顯得更長。

第一章。

疏通筋膜，排出老廢物質

首先要舒緩因衰老等原因而日漸僵硬的筋膜，以疏通滯留已久的老廢物質。

假如筋膜一直很僵硬，就算做局部護理，也很難看到效果。

臉要變小，關鍵在胸鎖乳突肌

你認識從耳朵後方連接到鎖骨的那條胸鎖乳突肌嗎？人轉頭時，這條肌肉會明顯突出，但由於姿勢不良或長時間使用手機、電腦等原因，許多人的肌肉活動範圍變小，導致胸鎖乳突肌漸趨緊繃或僵硬。進而導致臉型變形、肌膚鬆弛、皺紋等問題。

假如胸鎖乳突肌旁的靜脈與淋巴循環不良，也會造成臉部浮腫。透過自我護理來推動胸鎖乳突肌，以延伸肌肉至適當的長度，就是解決臉部問題的基本方法。

▶ 右圖圈起處就是胸鎖乳突肌。

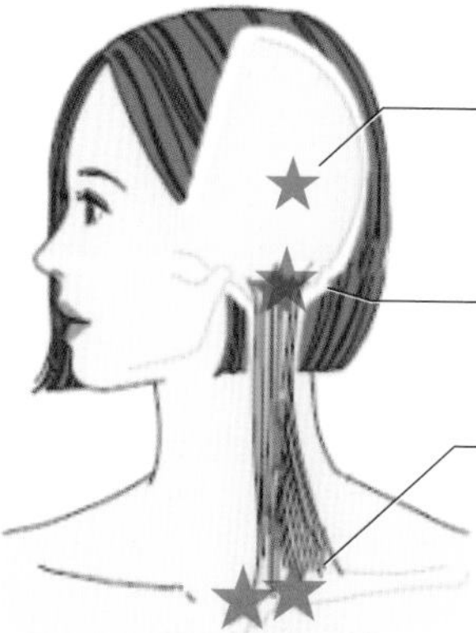

▲ 乳突下的部位為「終點」，鎖骨旁為「起點」。

Q我不知道我的胸鎖乳突肌在哪裡。

胸鎖乳突肌是從耳朵後的骨頭下方，延伸至鎖骨之間的肌肉。當妳將頭部轉往反方向時，它會自然隆起。

有人可能會發現自己的胸鎖乳突肌被埋在皮膚下，很不明顯，或是輕輕一捏就痛，顯得異常僵硬……一旦胸鎖乳突肌出現這種狀況，就表示筋膜十分僵硬。若持續拉提，筋膜就會軟化且恢復彈性。

Q我該從哪裡開始？

在耳朵後方，有個像山丘一樣突起的地方。在這塊突出的骨頭下方的突起，就是乳突。在乳突的正下方就是「胸鎖乳突肌的終點」，用大拇指和食指捏住這個部位，然後稍微使力按摩，就可達到放鬆的效果。

Q 捏這個地方好痛！

會痛就代表有「成長空間」。不需要一次就達到放鬆的效果，請持之以恆的按壓。順帶一提，我已經做這個動作將近八年，所以一點也不痛。

Q 雖然痛，但感覺滿舒服的。

沒錯，保持在「有點痛但滿舒服」的程度就好。只要充分放鬆胸鎖乳突肌，臉部就會立刻出現拉提效果。

Q 有做過的那一邊往上提了！

可以先從這個動作開始，慢慢改善筋膜狀態。

1 舒緩胸鎖乳突肌

使用按摩油

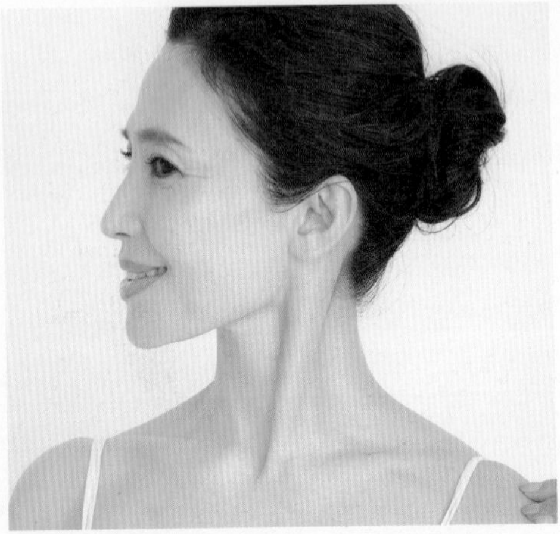

頭部轉向

轉向你要進行護理的反方向。如果要放鬆右側，就向左轉（按壓位置見下圖）。

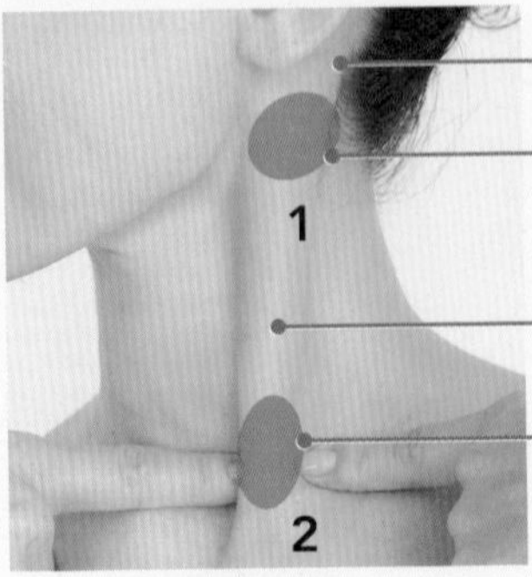
乳突
終點，在乳突骨下方的邊緣。
胸鎖乳突肌
起點，位於鎖骨內側及胸骨的邊緣。

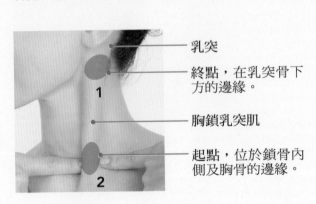

STEP_ 1 按摩、舒緩耳後

轉頭，用大拇指和食指捏住耳朵後方的突起（乳突）骨頭下的邊緣（胸鎖乳突肌的終點），揉捏按摩 10 次，力道稍微大一些。

按摩的力道應該達到「有點痛但滿舒服」的程度，才能達到放鬆的效果。

STEP_2 手指交疊，施加按壓的力道

將左手食指放在胸鎖乳突肌的起點，其餘三根手指放在左右鎖骨間下方的骨頭上。另一隻手也以同樣的姿勢重疊在上面，像要往上提一樣，在畫圈的同時施加按壓的力道，共進行 10 次。

2 放鬆胸口

使用按摩油

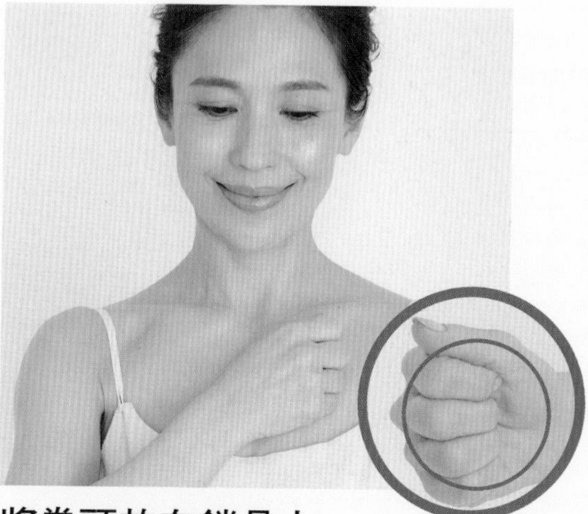

將拳頭放在鎖骨上

一隻手握拳，將拳頭放在胸口上方（按壓位置見下圖）。使用手指第一關節與第二關節間的平坦部分，加上腕部，施力按壓。

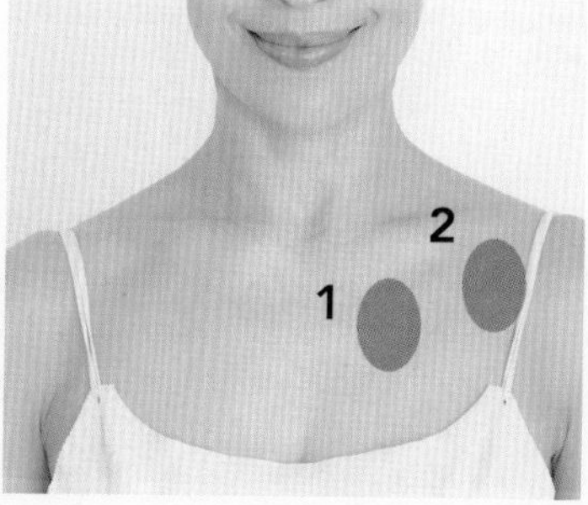

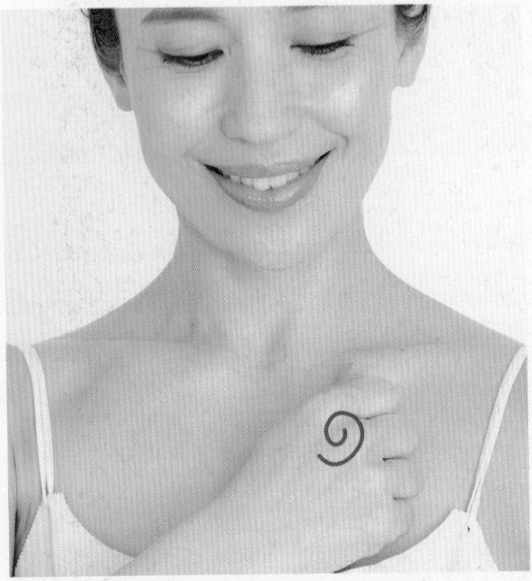

STEP_1 畫圓按壓

施力按壓，如畫圓般移動，重複 10 次。

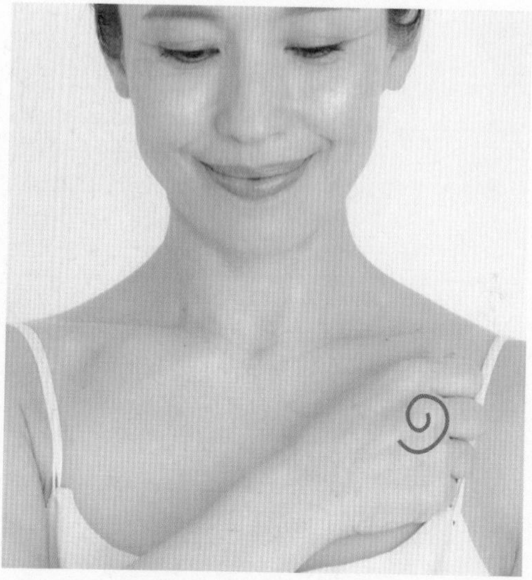

STEP_ 2 向外側移動並施力按壓

將向外側移動拳頭的位置，同樣像畫圓一樣按壓，重複 10 次。

3 壓一壓上頜骨至顴骨邊緣

使用按摩油

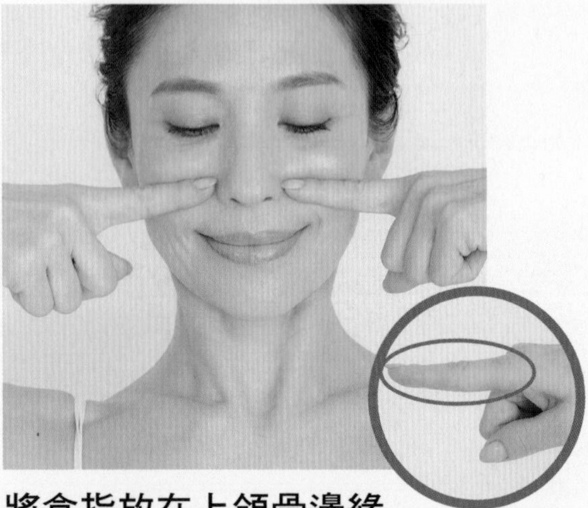

將食指放在上頜骨邊緣

雙手指尖置於鼻翼側邊，用食指的側面，也就是靠大拇指那側來按壓（按壓位置見下圖）。

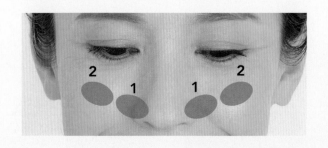

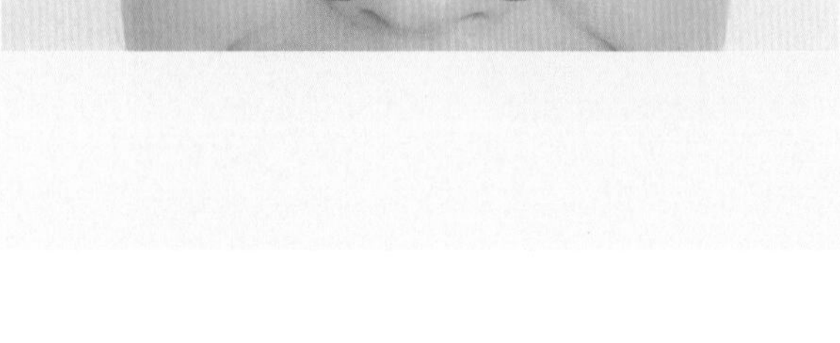

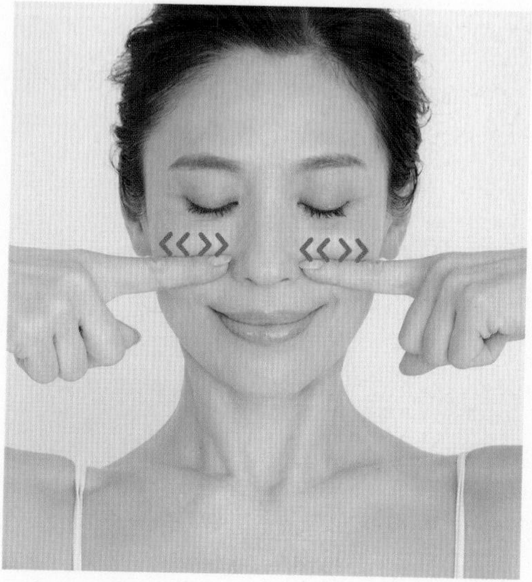

STEP_1 施力按壓

將食指置於上頜骨邊緣，按壓 5 次。

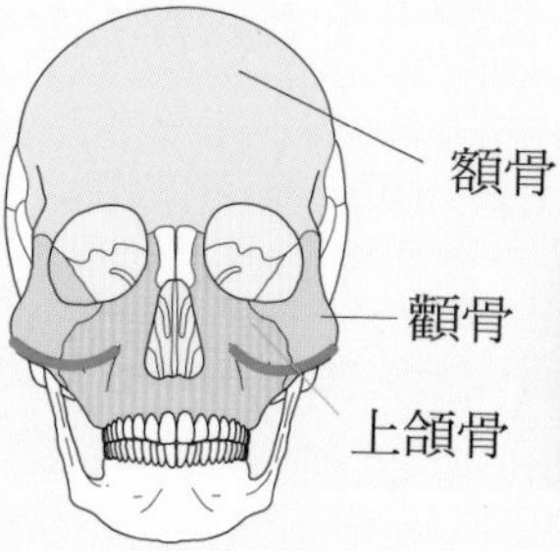

「上頜骨至顴骨邊緣」在哪裡？

從上頜骨的顴骨突起處，一直到顴骨邊緣。仔細摸一下就知道了。

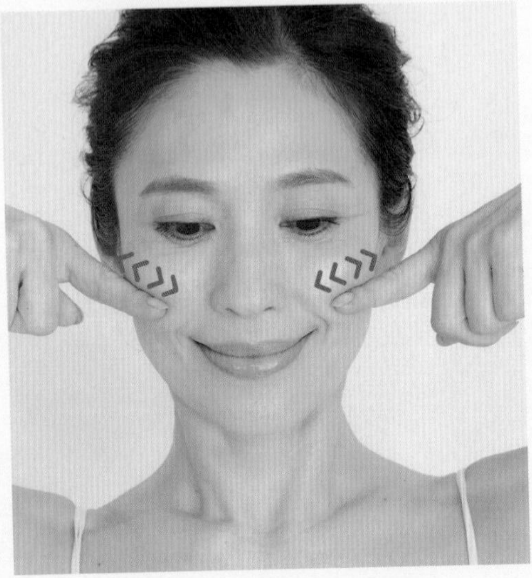

STEP_ 2 向外側移動，並施力按壓

再將食指往兩側顴骨方向移動，按壓顴骨邊緣 5 次。

4 臉頰不再緊繃

使用按摩油

將拳頭放在鼻翼旁

兩隻手握拳，小指接觸到鼻翼。使用手指第一關節與第二關節間的平坦部分，施力按壓（按壓位置見下圖）。

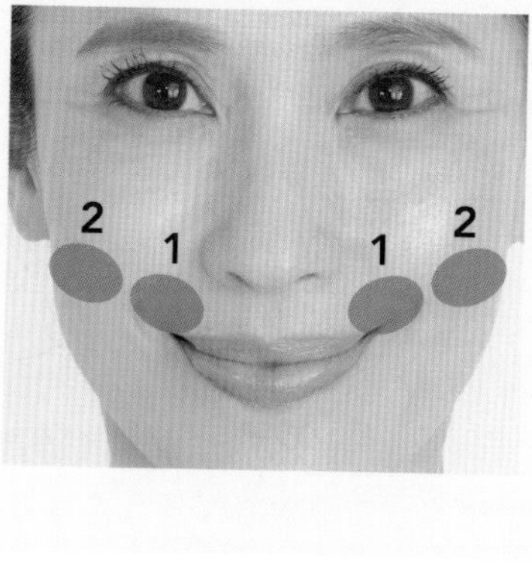

STEP_ 1 施力按壓

頭部稍微前傾，小幅度的往左右兩側按壓，要重複 5 次。

STEP_ 2 向外側移動，並施力按壓

將拳頭移動到顴骨邊緣，同樣往左右兩側按壓，重複 5 次。

5

打造完美臉部輪廓線

使用按摩油

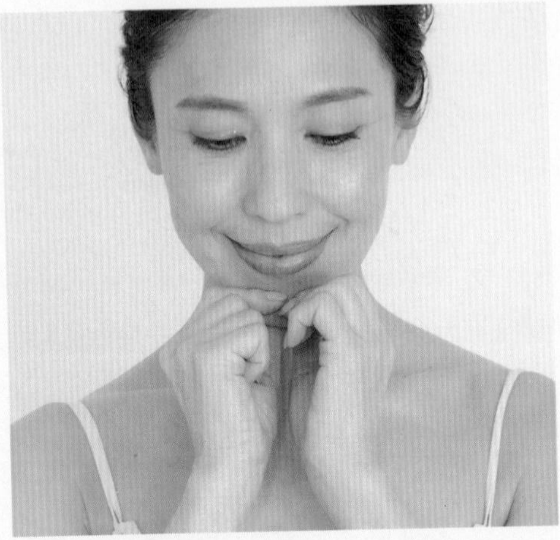

捏住下顎骨

用雙手的大拇指和食指，抓住下巴中央的骨頭（按壓位置見下圖）。

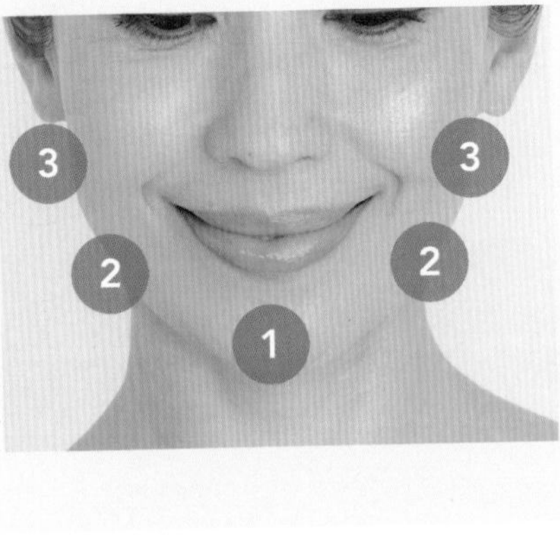

STEP_ 1 頭向前傾並施力按壓

低頭向前，捏住下巴按壓 3 次。

STEP_ 2 向外側移動，並施力按壓

同樣低頭向前，將手指向上移動，捏住下顎骨，
重複按壓 3 次。

假如覺得某個部位會痛，
就需要花時間細心按壓該部位。

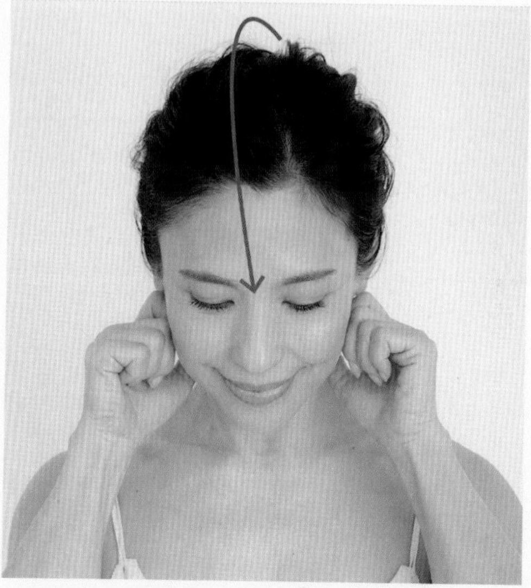

STEP_ 3 再度向外側移動並施力按壓

將雙手移動至耳朵前方，捏住下顎骨，重複按壓3次。

6 鬆一鬆額頭肌肉

使用按摩油

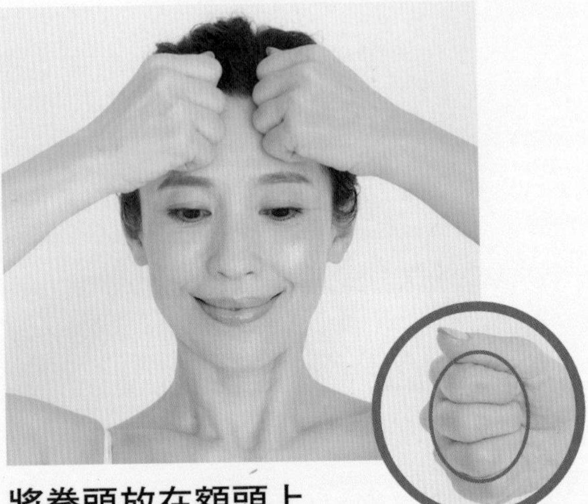

將拳頭放在額頭上

雙手輕握成拳，然後放在額頭。使用手指第一關節與第二關節間的平坦部分，施力按壓（按壓位置見下圖）。

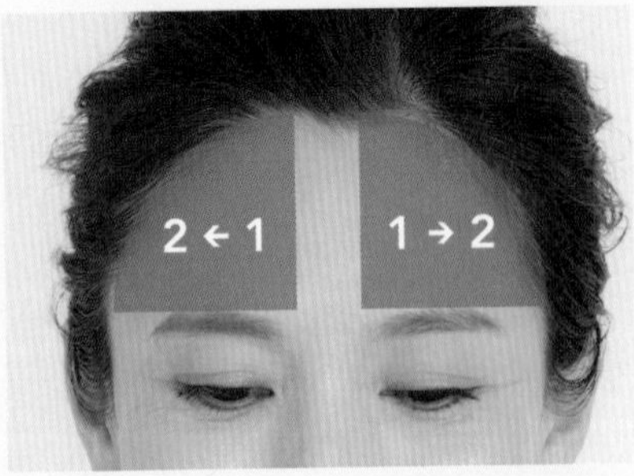

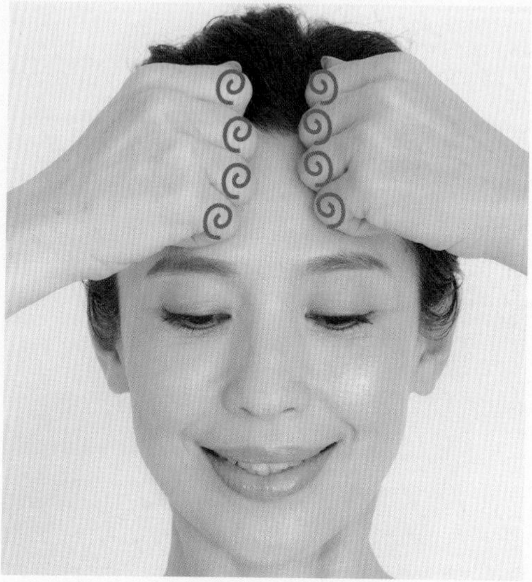

STEP_1 施力按壓

使用拇指以外的四指第二關節，左右對稱朝外側按壓，同時小幅度畫圈，重複這個動作 5 次。

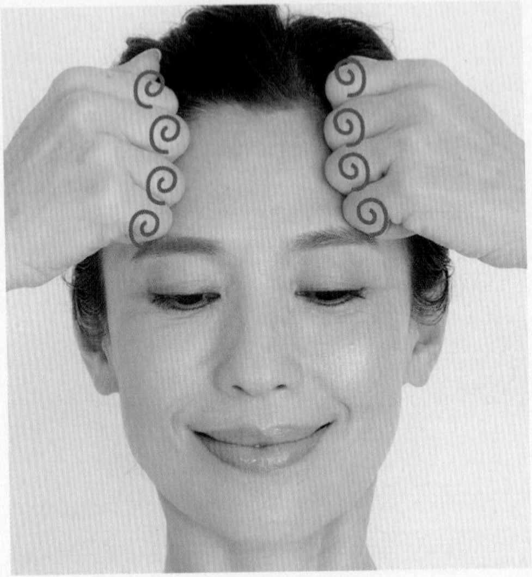

STEP_ 2 向外側移動，並施力按壓

將拳頭往外側移動，以同樣的方式施力按壓 5 次。在移動的過程中，停留在不同位置進行按壓。

7 單手托下巴，疏通臉部循環

使用按摩油

一隻手放在下巴上

四隻手指並排伸直，將拇指靠在下巴下方形成 L 型手勢（按壓位置見下圖）。

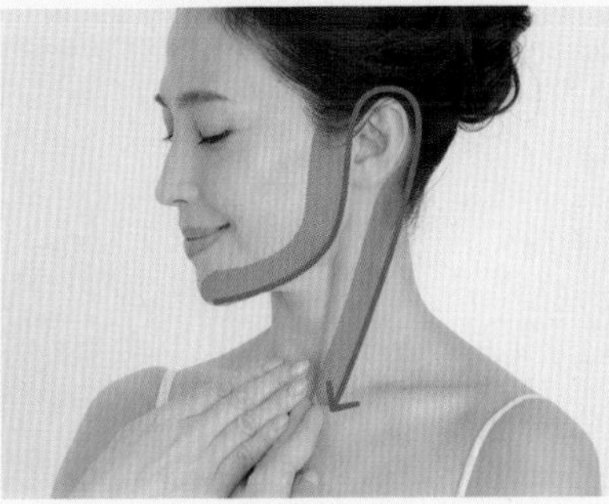

透過自我護理，排除多餘的老廢物質。

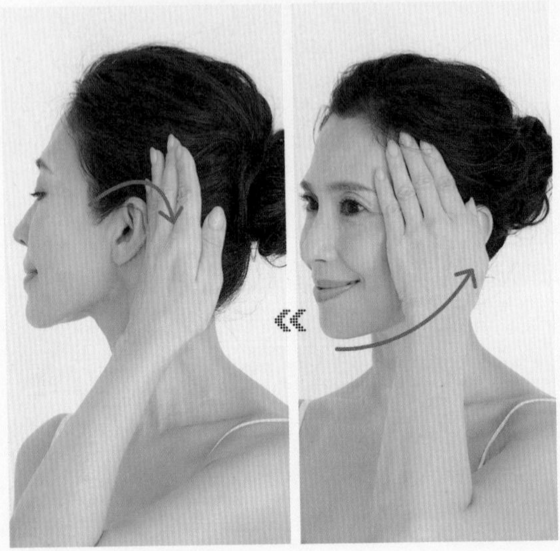

STEP_ 1 拉提至耳後

將手完全貼緊臉部輪廓，從下巴按摩拉提到太陽穴，然後導流至耳後。

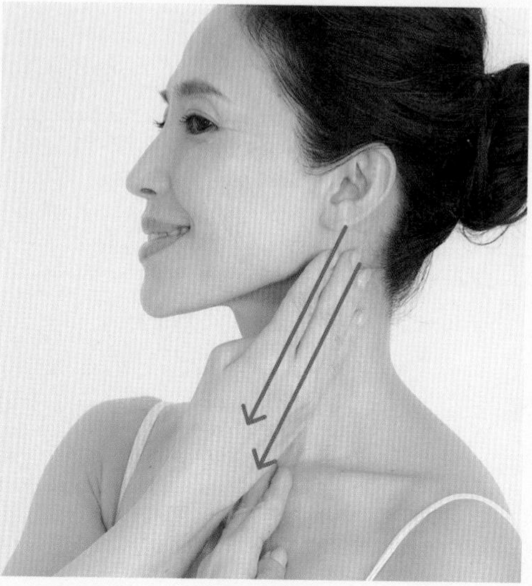

STEP_ 2 透過胸鎖乳突肌往下進行導流

手指緊密貼合胸鎖乳突肌，以一種向下推移的方式進行數次導流。重複步驟 1～2，共 3 次，另一側也進行同樣的步驟。

暖身完畢！
是不是開始感覺臉部周圍熱熱的？

專欄

何時做拉提最有效？學員心得分享

不管是早中晚，任何時段做都能獲得成效，我最推薦一早就做。因做完護理後，臉部會清爽許多，可以提振一整天的精神。

另一方面，許多學員反映在晚上進行拉提，因放鬆了緊繃的頭部、肩頸，更容易入睡。我也很推薦在泡澡時做護理。如果無法抽出完整時間，可以利用零散時間分次進行。

●早晨型

廣子：如果是工作日，我在早上六點，於浴室洗手臺前看著鏡子進行。休息日則在早上八點左右護理。

久子：我都是早上在客廳進行。
真澄：起床上完廁所後，我會立即在浴室裡看著鏡子自我護理。

●夜晚型

池田：我會在晚上洗澡時，或洗澡前後拉提。
MADOKA：在晚上九點到十一點之間，我會在浴室或臥室進行。
N．S：在晚上洗澡後，在洗手臺前按摩臉部。

●隨機應變型

S：我盡可能在早上實行，但如果真的沒辦法，就會到晚上再做，主要地點會選在客廳或浴室。

如果忙到幾乎抽不出時間來怎麼辦？來看看學員們怎麼做吧：
廣子：在工作特別繁忙時，我會分散自我護理的時間。早上起床後，在臥室的鏡子前進行胸鎖乳突肌等肩頸護理。化妝之前，才在浴室洗手臺的鏡子前完成其他步驟。

真理子：雖然時間安排有難度，不過我會在洗澡時做護理，漸漸就習慣了。

Mille：忙碌時，我會選出當天特別想拉提的部位，或是比較在意的部位進行簡化的自我護理。

N．S：我幾乎每天都會護理胸鎖乳突肌、臉部和鎖骨周圍，其他部位大概一個星期一次。此外，我平常忙於照顧孩子，所以會運用零碎時間進行。有時沒辦法全部做完，不過我不強迫自己一次完成所有步驟，而是選擇容易進行的部位開始（以我來說是胸鎖乳突肌），盡量每天都能接觸某個部位。

第二章。

改善你最在意的部位

只要讓筋膜恢復彈性，就能塑小臉、消皺紋。想改善的部位，所對應的筋膜位置也不同。

按一按你最在意的部位

舒緩筋膜後，接下來要改善你最在意的局部煩惱。你可以只針對特定部位，或嘗試所有護理方法。只要每天堅持下去，一定能逐漸解決臉部困擾，展現出你原本的美麗！

3 消浮腫，眼部變明亮
➡ 第 90 頁

4 跟黑眼圈說再見
➡ 第 92 頁

8 去除法令紋
➡ 第 103 頁

10 臉部線條變緊緻，雙下巴掰掰
➡ 第 109 頁

9 按按鎖骨，頸部恢復青春
➡ 第 106 頁

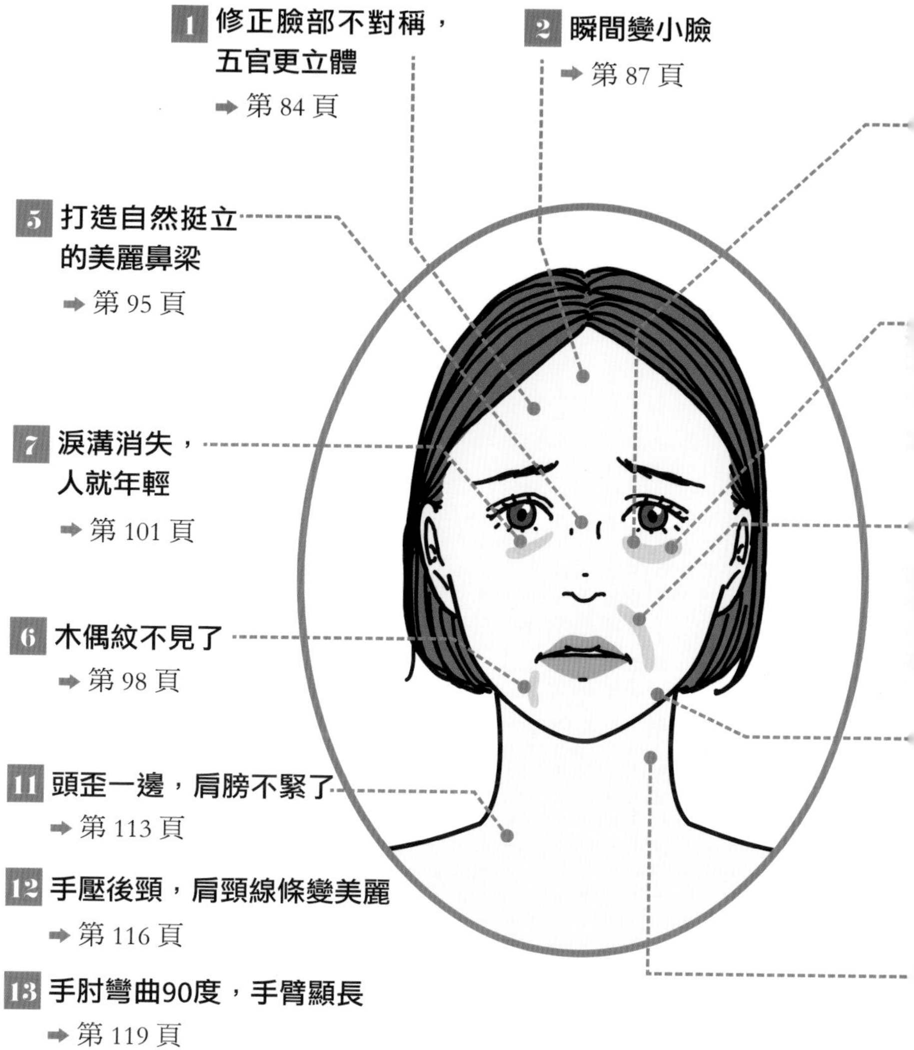
1 修正臉部不對稱，
五官更立體
➡ 第 84 頁
2 瞬間變小臉
➡ 第 87 頁
5 打造自然挺立
的美麗鼻梁
➡ 第 95 頁
7 淚溝消失，
人就年輕
➡ 第 101 頁
6 木偶紋不見了
➡ 第 98 頁
11 頭歪一邊，肩膀不緊了
➡ 第 113 頁
12 手壓後頸，肩頸線條變美麗
➡ 第 116 頁
13 手肘彎曲90度，手臂顯長
➡ 第 119 頁

1 修正臉部不對稱，五官更立體

約10 秒

雙手緊緊托住臉部的側面

將手掌緊貼臉側，稍微施力托住。

該動作能改善臉部左右不對稱問題。托住臉的同時，嘴巴開合，能讓鬆弛筋膜和歪斜的骨骼，回到正確位置，改善顎關節的偏移，使五官更顯集中、立體。

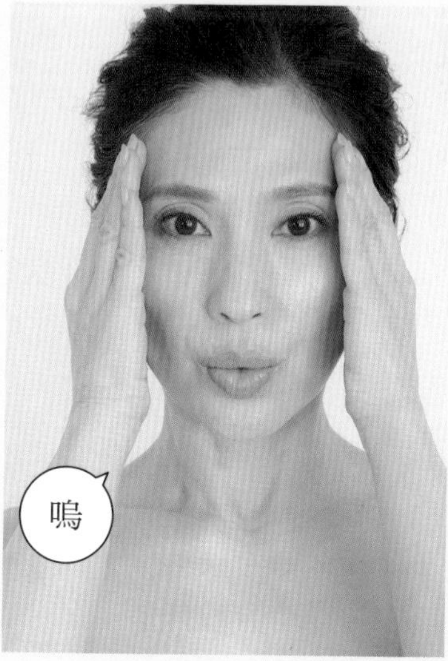

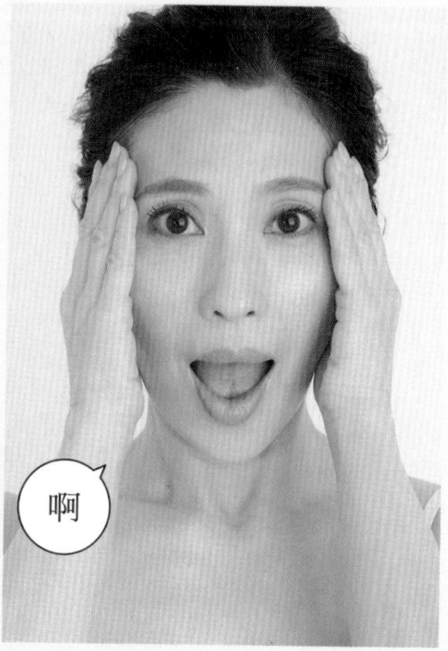

STEP_ 1 重複說「啊嗚啊嗚」

大大的張開嘴巴，說出「啊嗚啊嗚」，重複 5 次。

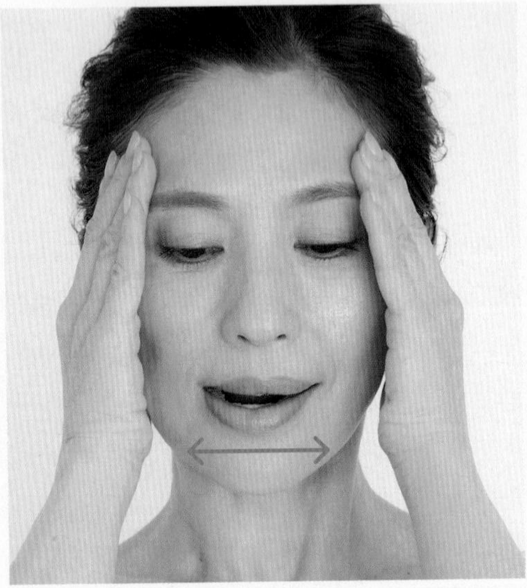

STEP_2 張開嘴巴並往左右移動

張開嘴巴約 1 公分，下巴往左右移動，
往返 5 次。

2 瞬間變小臉

單邊約10 秒

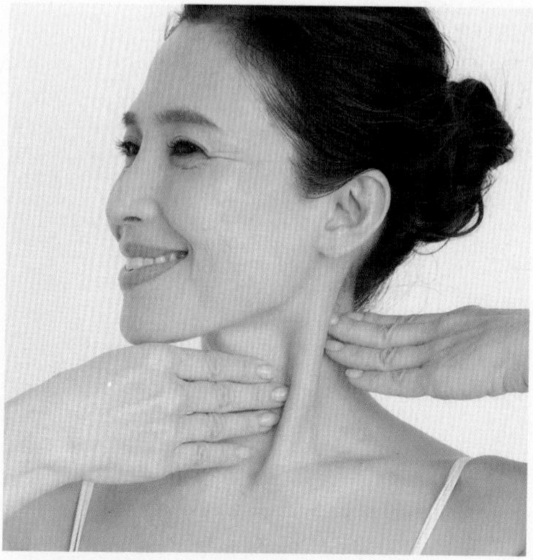

用雙手夾住胸鎖乳突肌

護理右側時，頭轉向左側，用右手的四根手指抵住胸鎖乳突肌的中間位置。另一側用左手的四根手指抵住，並上下錯開，夾住整條胸鎖乳突肌。

用雙手將胸鎖乳突肌推出一個 S 形，這個動作可以改善臉部鬆弛，使臉部線條更明顯。

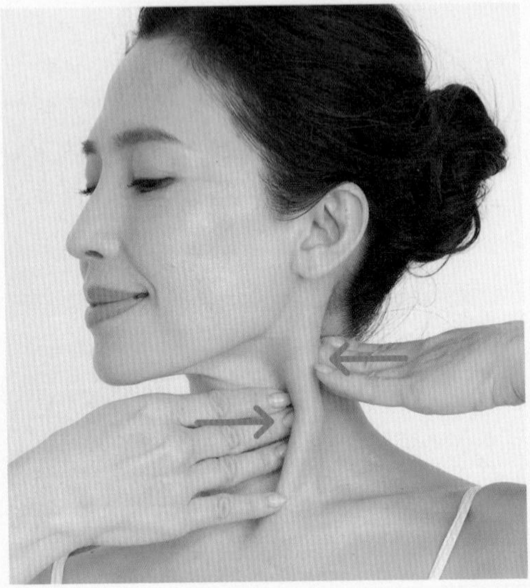

STEP_ 1 用雙手按壓胸鎖乳突肌

用雙手的四根手指平行按壓，重複 5 次。

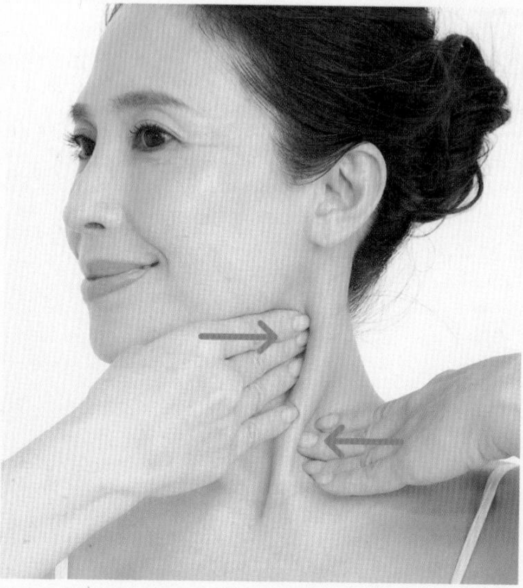

STEP_2 交換雙手位置，用同樣的方式按壓

將右手和左手的位置對調，重複按壓 5 次。

另一側重複同樣的步驟。

3

消浮腫，眼部變明亮

單邊
約 8 秒

雙手指腹放在眼睛上下兩側

左手食指、中指和無名指的第一關節前指腹，放在眉毛上。
右手食指、中指及無名指的第一關節前指腹，放在眼眶骨下緣。

透過活動眼周的筋膜，可以改善鬆弛與浮腫，讓你擁有水潤明亮的雙眼。

STEP_ 1 往上下推展，做出「啊嗚啊嗚」嘴形

用指腹輕輕施壓，並上下推展，同時張大嘴巴，說出「啊嗚啊嗚」，重複 3 次。

4

跟黑眼圈說再見

單邊 約8秒

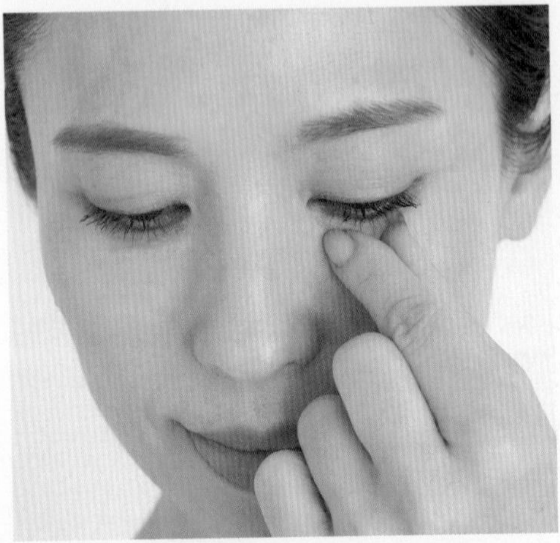

手指放在眼睛下方

將右手的大拇指與食指放在眼頭下方（按壓位置見下方圖）。

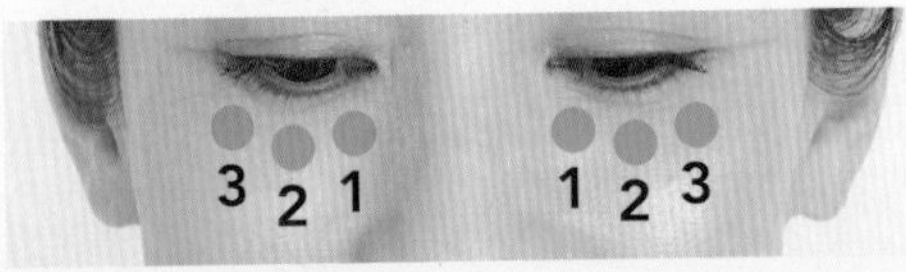

老廢物質可能是形成黑眼圈的主因。疏通眼下堆積的老廢物質，能讓眼周看起來更加明亮健康。

STEP_ 1 **輕捏住眼睛下方，往上下左右推移**

輕捏住眼頭下方的肌膚，邊從鼻子吸氣，邊像在寫小小的十字一樣，縱橫推移 3 至 5 次。

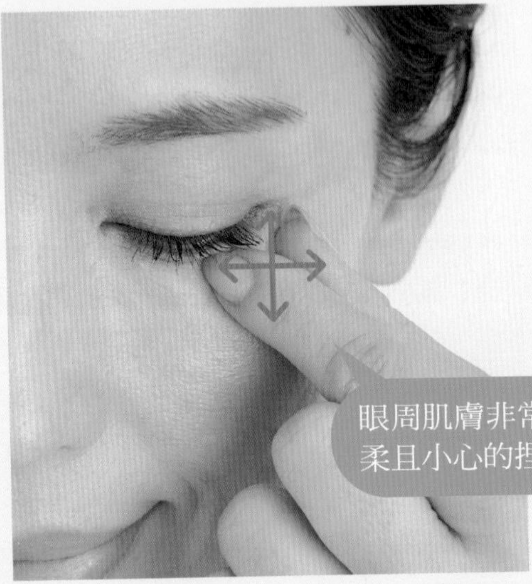
眼周肌膚非常脆弱，要輕柔且小心的捏。

STEP_2 手指往外側移動，重複同樣動作

從眼下的內側開始，到中央、外側，共三個位置，依序用手指輕輕捏住，縱橫推移3至5次。

另一側重複同樣的步驟。

5 打造自然挺立的美麗鼻梁

約10 秒

抓住額頭兩端

左手抓住額頭的兩端。手勢就像用大拇指和其他四指壓住眉尾上方（上頜骨，見第 62 頁）。

人們平時可能不太會意識到鼻梁，不過，只要鼻梁變得挺立工整，五官將顯得更加立體。

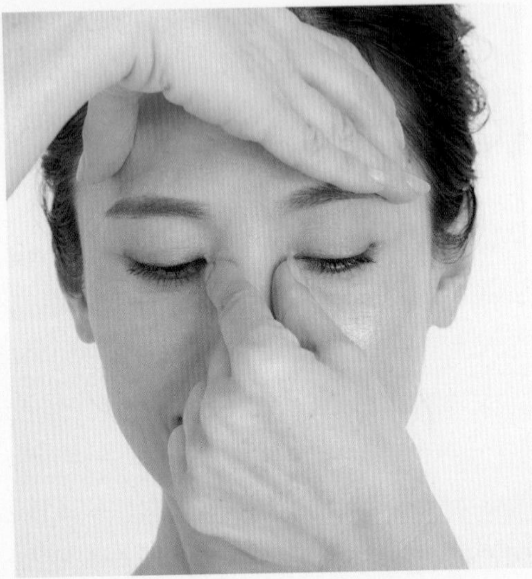

STEP_1 捏住鼻根處

用右手的大拇指和食指，捏住鼻根的骨頭。

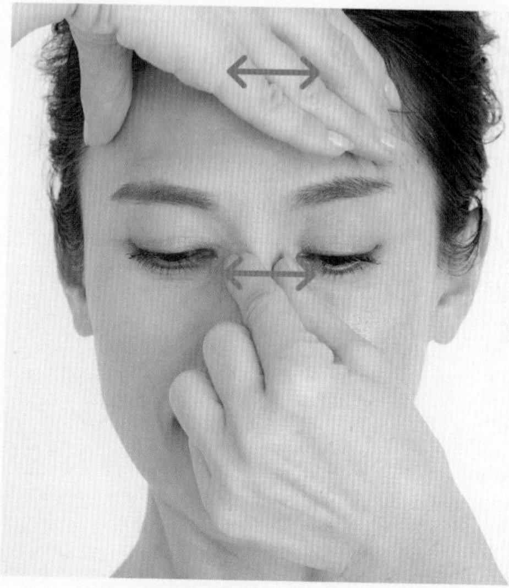

STEP_ 2 雙手向左右推動

雙手交替往不同方向左右推動，共計 10 次。

6 木偶紋不見了

單邊約10秒

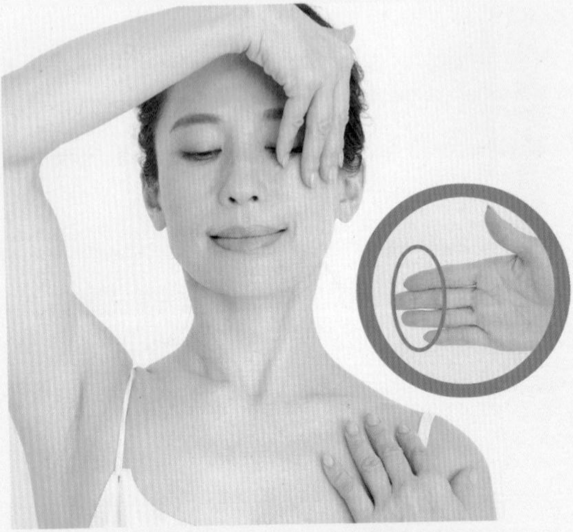

雙手分別放在鎖骨和顴骨上面

將臉朝正前方，使用大拇指之外的四指，第一關節前的指腹部分緊貼在肌膚上。右手四指緊貼在鎖骨上，往下方按壓。左手四指則托住右邊顴骨將肌膚向上拉提。

木偶紋，從嘴角延伸至下巴，位於法令紋側下方，和木偶嘴巴邊緣相仿的線條。透過這個動作收緊頸闊肌的筋膜，能舒緩將嘴角向下拉的肌肉，使嘴角拉提、上揚，消除木偶紋。

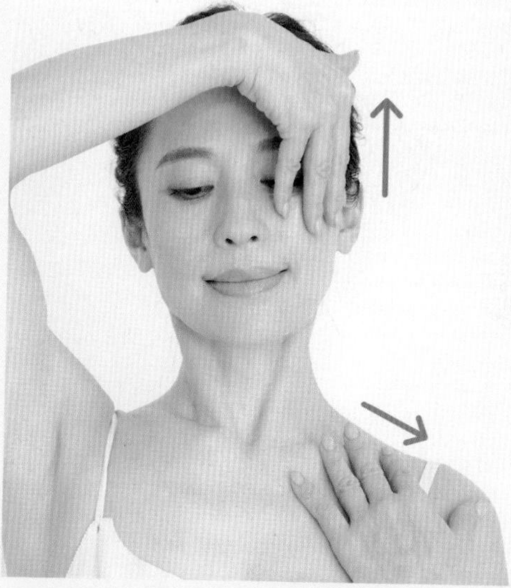

STEP_ 1 用指腹往上下按壓

用左手托住顴骨，往上按壓。右手壓住鎖骨，往下按壓。

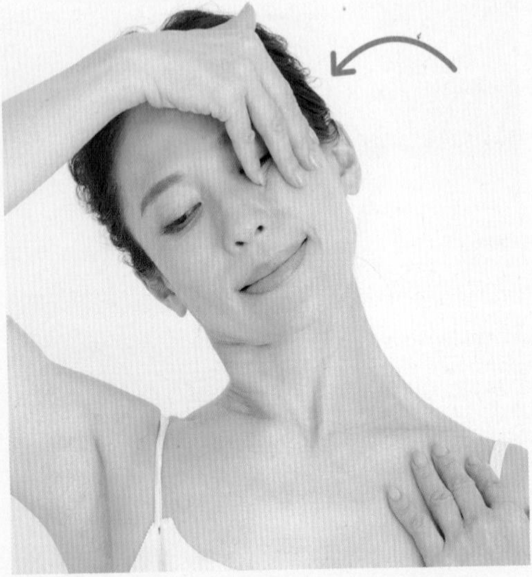

STEP_2 傾斜頭部

雙手保持原狀，將頭部往側邊傾斜 45 度，
維持 10 秒。

7 淚溝消失，人就年輕

單邊 約 8 秒

手指置於鼻梁旁和顴骨下

使用大拇指之外的四根手指，將第一關節前的指腹部分緊貼在肌膚上。右手四指橫向置於鼻梁旁，左手四指直向置於顴骨下。

淚溝，是從眼角下方斜向延伸至臉頰的溝紋。若能導正偏移的筋膜，臉頰便顯得較明亮、有光澤。由於淚溝在臉部中央的顯眼位置，所以會影響視覺印象變化。

STEP_1 同時往外側及下方按壓

一邊吸氣，右手一邊從鼻梁旁往外按壓，左手從顴骨下緣向下按壓，呼氣時則恢復原位，重複3次（按壓位置見左下圖）。

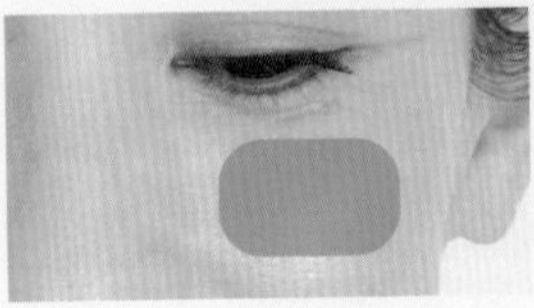

另一側重複同樣的步驟。

8 去除法令紋

單邊 約 8 秒

用手指壓住鼻梁側

用左手的三根手指（中指、無名指、小指）按住鼻梁右側。

長期佩戴口罩，讓人在不知不覺中加深臉上的法令紋。不過，只要用手指輕輕向上拉提，能使筋膜恢復彈性，淡化歲月留下的痕跡。

STEP_ 1 將食指放在法令紋的位置

右手食指的指尖，置於法令紋的起點。

STEP_ 2 輕輕拉提法令紋

吸氣時，像描繪法令紋般輕輕向上按壓，吐氣時則回到原位，重複 3 次。

另一側重複同樣的步驟。

9 按按鎖骨，頸部恢復青春

約10 秒

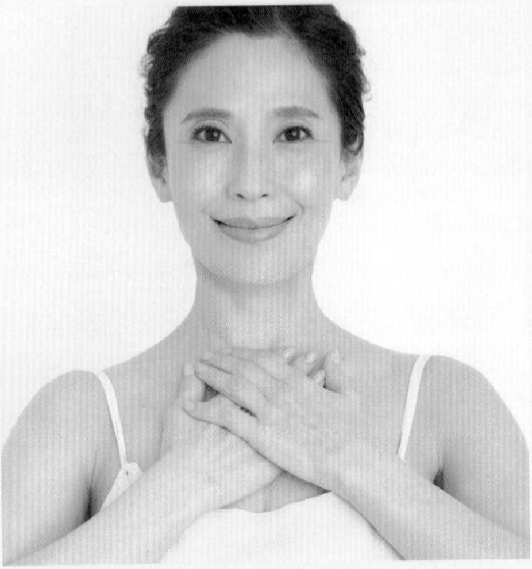

將雙手放在鎖骨上方

端正全身姿勢，兩手交疊放在鎖骨中央。

手指按壓鎖骨周圍的肌膚，下巴往內收，使頸闊肌的筋膜恢復彈性，讓容易出現皺紋的頸部產生緊實感。進行護理時，要特別留意收緊肋骨、放鬆肩膀力道。

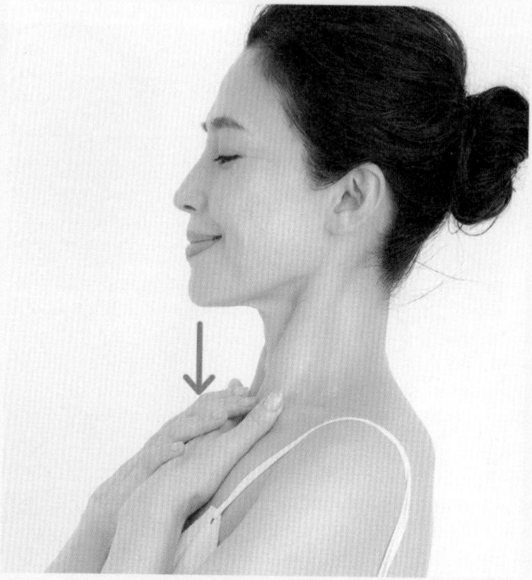

STEP_ 1 用手按壓鎖骨周邊

用雙手往下按壓鎖骨周遭的肌膚時，舌頭緊貼上顎，嘴巴閉起來，像在吞東西般。

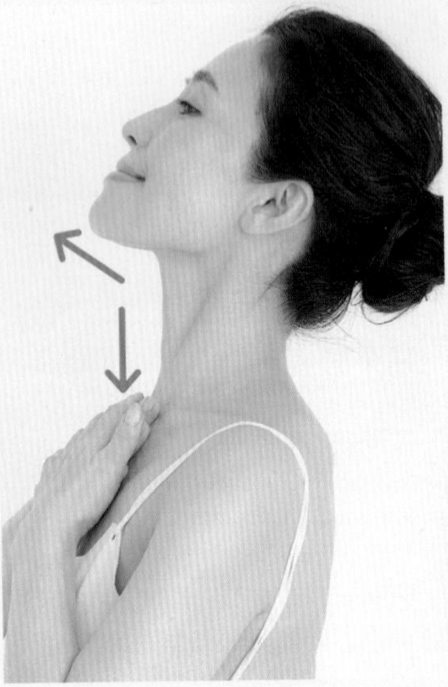

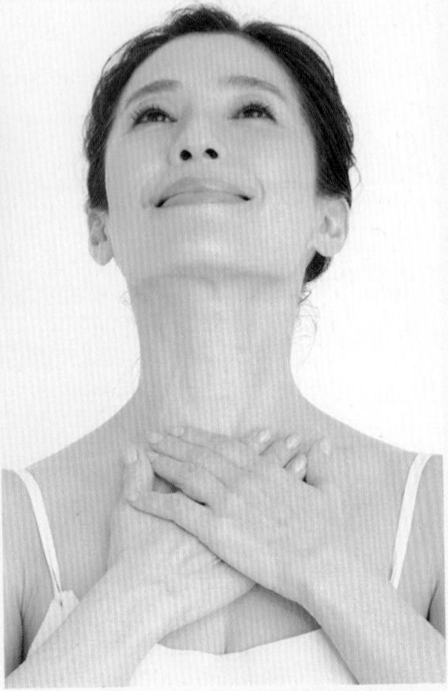

STEP_ 2 下巴抬高10秒

下巴微微上揚，像是與按壓鎖骨的雙手相互拉扯，這個姿勢要維持 10 秒。

10 臉部線條變緊緻，雙下巴掰掰

使用按摩油

單邊約11秒

頭轉一邊，大拇指將下巴往前拉

身體保持端正，舌頭緊貼上顎，嘴巴閉起來，就像在吞嚥。護理臉部右側時，頭部向左轉，伸出左手大拇指，像勾住下巴般往前拉。

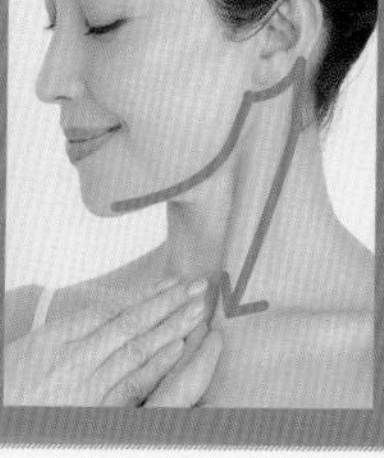

當下巴下方的筋膜恢復彈性後，下巴形狀會讓人看起來顯瘦，且臉部輪廓會更明顯的呈現 V 形，從此告別雙下巴。

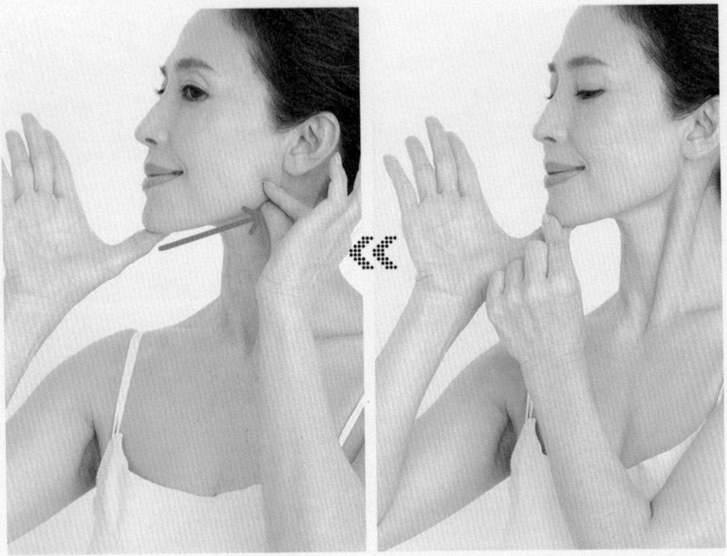

STEP_ 1 左手捏住下巴尖端，往上推動

右手大拇指和食指捏住下巴尖端，沿著下顎線，向上推動到胸鎖乳突肌的終點，手勢就像與另一隻手的大拇指相互拉扯。

STEP_ 2 沿著胸鎖孔突肌向下推壓

右手抵達胸鎖乳突肌的終點之後，改用食指、中指、無名指沿著胸鎖乳突肌往下推壓。

STEP_ 3 **維持相互拉扯的姿勢，保持10秒**

往下推壓到胸鎖乳突肌的起點之後，兩手的手指往反方向施力，並維持 10 秒。

11 頭歪一邊，肩膀不緊了

單邊約10 秒

一隻手放在另一邊肩膀上

像是讓骨盆直立，保持正確的姿勢。放鬆右臂，讓它自然下垂。將左手放在右肩上。

優雅俐落的肩頸線條，能使臉部輪廓顯得更精緻。想自然散發美人氣質，首先要護理肩線，盡量放鬆肩膀的力量，同時施力收緊下腹部。

STEP_1 邊吐氣邊伸展頸部

從鼻子吸氣，吐氣時將頭橫向傾斜 45 度，
重複 3 次。

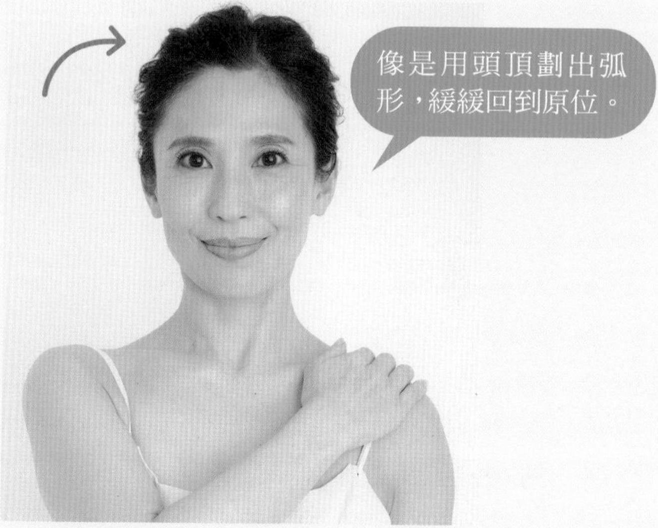
像是用頭頂劃出弧形，緩緩回到原位。

STEP_ 2 回到原位

吐完氣後，頭慢慢回到原本的位置。

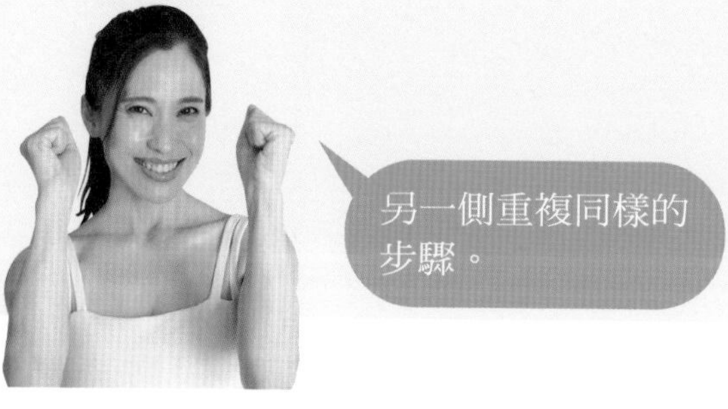
另一側重複同樣的步驟。

12 手壓後頸，肩頸線條變美麗

單邊約20秒

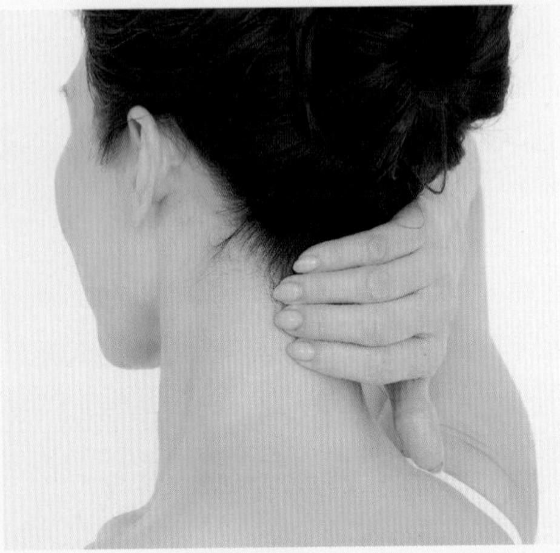

手指放在頸椎處

右手四根手指的指腹，緊貼在在頸椎左側（按壓位置見下圖）。

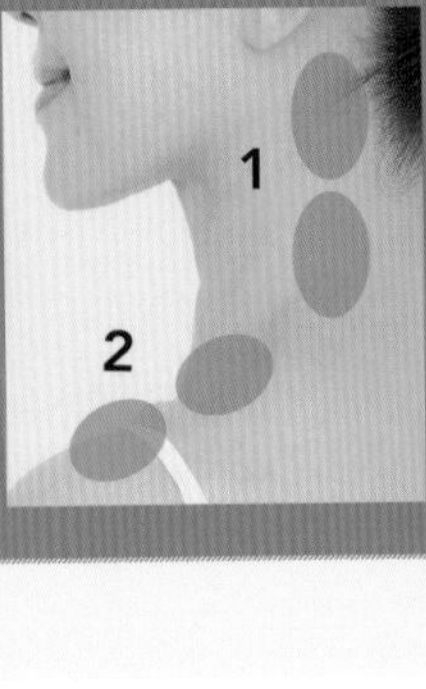

修飾頸部到肩膀的線條，讓頸部看起來更纖細美麗。配合優雅的肩線，使頸部看起來更細長，具有讓臉看起來更小的效果。

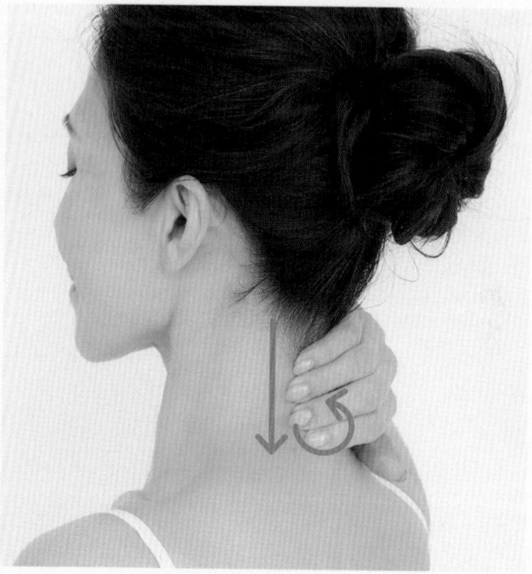

STEP_1 按壓頸椎邊緣

手指在頸椎側邊以畫圓的方式，由下往上按壓，重複 5 次。然後稍微向下移動到肩膀位置，同樣按壓 5 次。

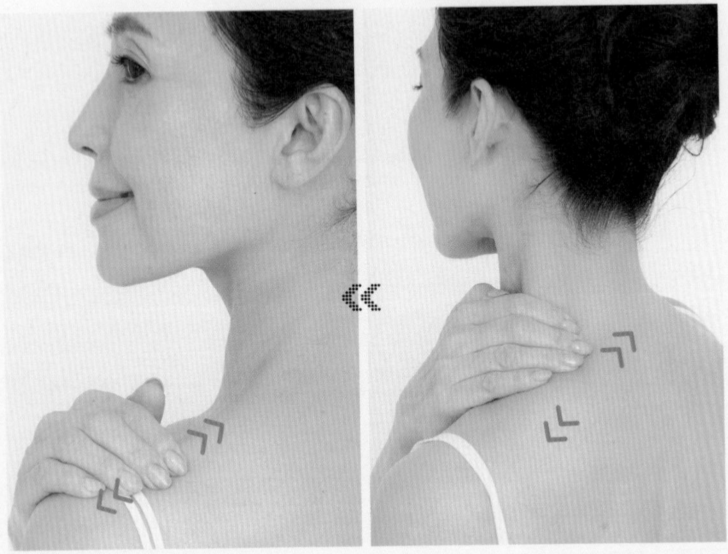

STEP_2 按壓肩線

右手從前方放上另一邊肩膀，四根手指並列在肩線上，朝兩側按壓5次。然後再稍微往肩膀外側移動，按壓5次。

13 手肘彎曲九十度，手臂顯長

單邊
約10秒

立起單側手臂

將單側手肘彎曲成 90 度，使上臂與地面平行。

配合呼吸，透過彎曲和伸展手臂，舒緩緊繃的肩關節。一個簡單的動作，就能使肩部線條變得更纖細自然，手臂看起來也會顯得更長。

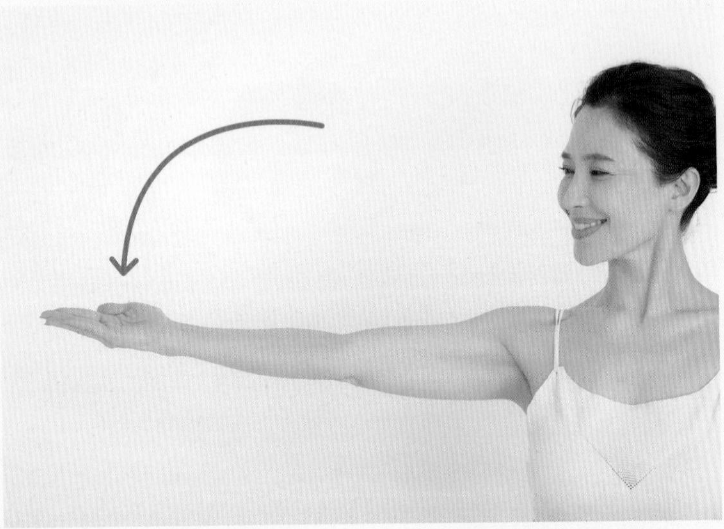

STEP_ 1 伸展手臂

吸氣、吐氣時，盡可能將手指向遠處伸，讓指尖與肩膀之間呈現相互拉扯的狀態。

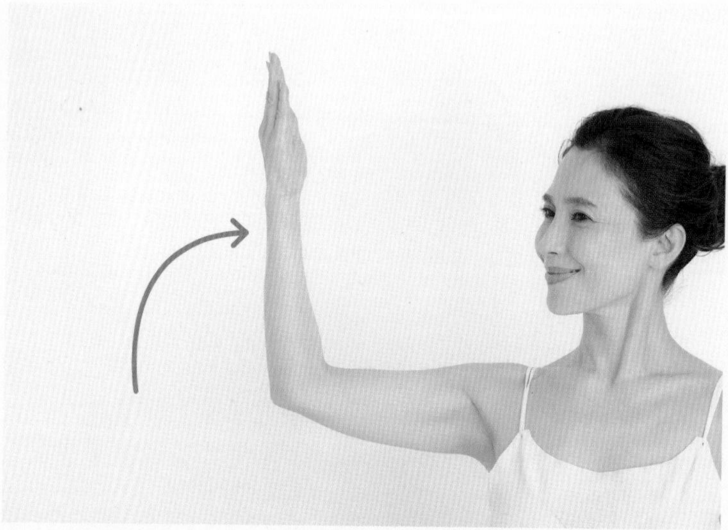

STEP_ 2 立起單側手臂

吐氣完畢，將手臂恢復原位。重複這個動作 3 次。

另一側重複同樣的步驟。

專欄。

拉提，我與自己對話的時間

廣子：是檢查每天臉部和心靈狀態的重要時間。

池田：是關愛自己、察覺變化、舒緩疲勞的療癒時光。

真澄：對我來說，這是非常重要的時刻。因為我希望以最佳狀態出現在大家面前，所以對我來說，自我護理是第一優先。假如直接跳過這道程序，我的一天就沒辦法開始。

S：實際感受到自己的臉變得緊實，覺得很開心。

佳織：特別舒適且令人愉悅。

真理子：起初，我的臉有水腫且僵硬，但結束按摩後，這些狀況都有所改善，可以明顯感覺到效果，真的好高興。

MADOKA：這是我與自己對話、珍惜自己的時間。

N．Y：這是我在一天的開始，不可或缺的重要時刻。

Mille：自我護理對現在的我來說，已經不是一段特別的時間，而是生活的一部分，也是完成妝容和護膚之前的一個過程。

N．S：在拉提時，臉部和胸口周圍感到很溫暖，這是我放鬆和照顧自己的重要時段。只有在這時，我才會仔細照鏡子。原本表情看起來有些疲憊，透過護理而有明顯改善，這會讓我產生明天想繼續努力的動力。

第三章。

創造凍齡奇蹟，我的美麗習慣

「平常用什麼化妝品？」、「有特別注意飲食嗎？」我最近經常被問到這類問題。雖然除了臉部自我護理，我覺得自己都跟其他人一樣，不過本章還是分享我的美容習慣。

1 五十歲之後，我更喜歡自己的臉

在四十多歲時，我很抗拒年齡邁入五字頭。因為比我年長的朋友曾表示，人到了五十歲，身體就會像「從懸崖上摔下來一樣」，明顯感覺到自己逐漸衰老。

當我五十歲時，深刻感受到朋友說得沒錯。我每次做伸展運動時，關節嘎吱作響，而且體重很快升上去，很難降下來，忍不住想：「這就是五十歲的樣子！」慶幸的是，由於我具備筋膜相關知識，知道女性停經後，筋膜中的水分會減少而容易僵硬。於是我開始專注於全身的筋膜護理。這或許是我沒有摔落「五十歲懸崖」的一大主因。

從我以前的照片，可以看出我的臉有左右差異，且五官缺乏立體感。還好經過長時間做筋膜護理，這些問題有了明顯改善。雖然年紀漸長，但現在的我，比年輕時更喜歡自己的臉。

◀ 我 50 歲時，臉部看起來左右不對稱，且缺乏立體感。

◀ 經過長時間做筋膜護理，這些問題統統解決，我比以前更喜歡自己的臉。

我穿泳裝拍
芝麻明廣告！

保持自我風格，維持年輕！

——芝麻明的愛用者佐藤由美子

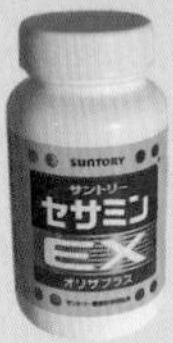

別抱怨都是因為年紀的關係。
把擁有自我風格的年輕形象，當作自己的理想。

我從身體內部開始進行護理，漸漸有了信心。
跟年輕人之間的交談，也變得有趣許多。
定期服用芝麻明，令人安心不少。不只是外表，連身體跟心情也要保持年輕！這就是我的 50 歲目標。

——佐藤由美子（51 歲）

▲ 我在 50 歲時，拍攝了芝麻明廣告：四位女性遮著臉部、穿著泳裝，廣告明確表示「只有一個人是 50 歲」。
一開始，跟二十幾歲女性一起拍廣告，讓我感覺像是接受懲罰遊戲，但拍完後，我認為自己能參與其中真是太好了。這次的拍攝經驗，成為我對 50 歲的自己擁有信心的重要契機。

2 期待每天都會有好事發生

無論如何努力拉提臉部的筋膜，假如生活步調混亂，就很難達到想要的效果。因此，即使生活忙碌，我也很重視飲食、運動，以及自我放鬆。照顧好自己的身體，可以提高工作表現，也能為心靈帶來安定的力量。

早晨：今天會發生什麼好事？

我會以「今天會發生什麼好事？」的正面心態，來迎接新的一天。這麼一來，大腦就會下意識去尋找「好事」。

早上要做的事情很多，不過，我會把這些事（見一三〇頁、一三一頁）當作例行公事，藉此展開新的一天。

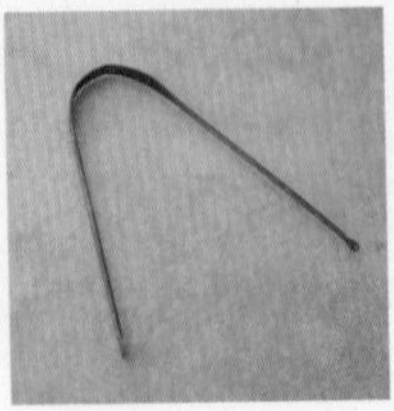

清潔舌頭

我每天早上 7 點起床，會立刻清潔舌頭。我使用銅製清潔器刮除白色舌苔，那些都是身體的老廢物質，要留意別吞下去。此外，刷牙後要確實漱口。

全身塗身體化妝水

就像人剛起來時會口渴一樣，早上的身體很乾燥，為了讓皮膚保持溼潤，我會用化妝水塗抹全身。我愛用的是韓國「CICA」大容量化妝水。

使用髮用化妝水按摩頭皮

我平常使用的護髮產品，是我常去的「fika」沙龍的原創產品。我會在頭皮塗上含有海洋深層水的化妝水，然後按摩，再灑上化妝水，給予頭髮充分的保溼與滋潤。

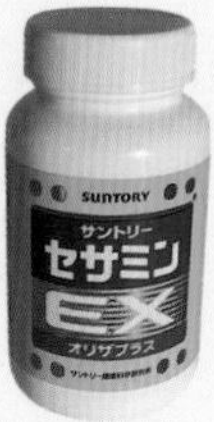

喝熱水

熱水能防寒、改善身體循環。多虧它，讓我每天排便順暢。我也會在這個時候服用芝麻明，這是我唯一持續使用的營養補充品。

臉部筋膜自我護理

洗臉後，我會在寢室梳妝臺的鏡子前，做 10 分鐘臉部筋膜護理。順帶一提，茱莉蔻（Jurlique）的臉部保養油，無論是質地或香味我都很喜歡。

早餐

完成上述流程後，就是早餐時間。我固定的早餐是用 16 至 20 種蔬菜製成的沙拉、水果及自製的燕麥香蕉鬆餅。我在早上盡量避免攝取麵粉製品，所以鬆餅主要使用搗碎的香蕉、雞蛋和燕麥來製作。

白天：上午美體雕塑，下午工作

用完早餐後，我開始做美體雕塑運動。

我有自己想要達成的目標，並為此設定一整年的計畫，再進一步將目標細分成月計畫、週計畫，所以也很清楚「今天應該做什麼事」。

能每天專注工作，是因為我把自己喜歡的事情變成了工作，所以非常感謝現在的環境。

▲ 吃完早餐後，我會做美體雕塑運動。

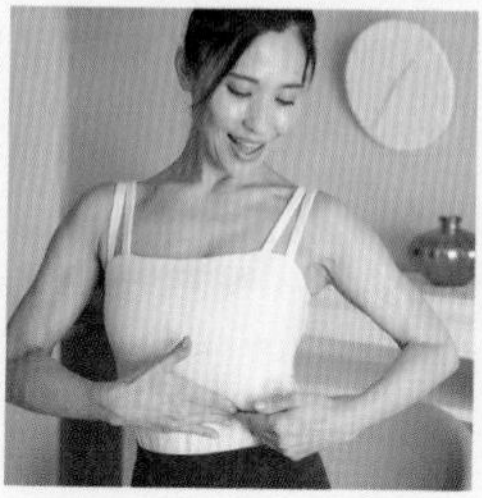

美體雕塑

我上午會花約一個小時來運動。首先利用瑜伽磚，充分放鬆全身的筋膜，然後進行呼吸運動、骨骼調整、強化深層肌肉等。補充水分非常重要，所以我會在運動時，在旁邊備好熱水或草本茶。

工作

我的工作內容包括製作文件、進行線上課程等。看到那些原本滿心煩惱的學生，因為上課而有所改變，展現出他們原本的美，是我最大的喜悅。

午餐

利用工作空檔，迅速做好午餐。偶爾在外用餐時，不會特別留意卡路里，多半選擇自己喜歡的食物。

晚上：再忙，絕不削減睡眠時間

為了提升工作表現，保持健康且充滿活力非常重要。

為此，我會確保每天都有六至七小時的睡眠時間，並在就寢前讓身心平靜下來。我會早一點吃晚餐，然後悠閒的入浴。

偶爾在睡前的放鬆時刻更新ＩＧ。此外，跟女兒閒聊，更是我不可或缺的放鬆方法。

泡澡

無論什麼季節，我都會在浴缸裡加入碳酸泉錠並泡 20 分鐘。然後一邊喝水，一邊放鬆泡澡。在入浴時盡情出汗，排出體內的老廢物質。

按摩身體

洗完澡後，我不會特意擦乾身上的水分，而是直接塗上按摩油 Weleda 來按摩身體。照片右邊那瓶是全身用，中間那瓶則用來塗抹於頸部和胸口。而左邊那瓶是美胸霜 Clarins，能提升肌膚緊緻度和彈性，用於護理胸部。

面膜

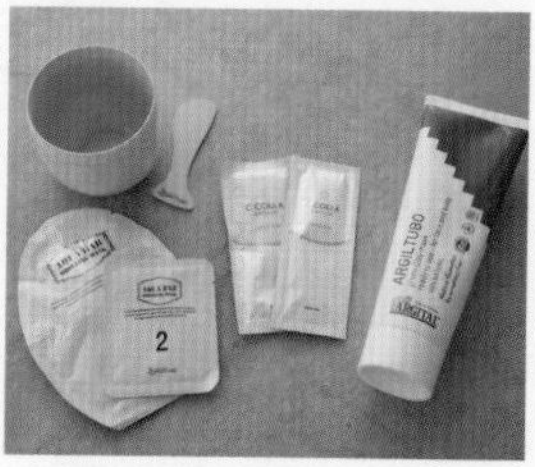

我用雅琪朵（ARGITAL）天然精油綠泥膏來清潔毛孔。碳酸面膜 C.COLLA 適合在想增加肌膚彈性和光澤時使用。而果凍面膜 23 years old，則是我在需要加強保溼時的得力助手。

晚餐

我通常在晚上 5、6 點吃晚餐。我發現早點吃晚餐，不僅有助於保持身體健康，而且不容易發胖。菜色以蔬食為主，盡可能選擇日本料理。另外，我每週會搭配菜色，品嘗一、兩次的白酒。

3 洗臉後，立刻保溼

我在護理肌膚時，最重視「不摩擦肌膚」和「保溼」。摩擦肌膚，久而久之會引發皺紋、斑點等問題。所以，我為了避免對肌膚造成傷害，會選擇乳狀的卸妝產品。在臉上塗抹、按摩，徹底溶解彩妝、髒汙，然後沖掉。下一步是在臉上均勻塗抹含有顆粒的洗面乳，接著洗掉。沖洗卸妝產品跟洗面乳時，我會掬起微溫的水，洗三十次以上。

在洗完臉之後，我會立刻保溼。倒大約五百日圓硬幣大小（按：與新臺幣十元硬幣差不多大）的化妝水在手心，兩手輕合，然後均勻的仔細塗抹、按壓在肌膚上。我會用手指仔細按壓眼周、額頭和鼻子周圍。這個過程重複三次，直到手指感覺肌膚已經充分吸收水分。

要注意的是，假如筋膜沒有經過充分護理，那麼不論怎麼努力，化妝水也很難滲透肌膚內側。所以，筋膜護理還是最重要的基礎。

洗臉

茱莉蔻的產品香氣宜人，我喜歡它充分滲透肌膚的感覺。此外，我也十分認同這家公司的經營理念，他們在自家有機認證的農場，栽培及收成當作化妝品原料的植物。圖中是卸妝乳（右）和潔膚乳（左）。

基礎保養品

在保養品方面，我同樣也是茱莉蔻的愛用者。左邊三個是兩種化妝水、美容精華。而右邊兩個是眼霜和 NARS 面霜，我特別中意 NARS 持續保溼的效果。

4 筋膜經過護理，就不需要化妝品

我常聽到學員說：「現在不需要花很多時間化妝。」這也是我的親身體驗。在自我護理後，不但氣色變好、嘴唇也顯得豐滿，不需要使用太多保養、化妝品，就可以把臉部打理乾淨。

不過，化妝還是可以改變一個人的氣質。在所有化妝步驟中，我特別重視底妝。

例如，想稍微打扮一下出門時，我會配合服裝，選擇輕薄有光澤的底妝，這時我會用迪奧（Dior）的妝前乳，然後上一層薄薄的NARS粉底液。我特別喜歡它的潤色及延展性，之後也使用NARS的粉餅來定妝。

最後，我會輕輕的在鼻尖、下巴和眼頭點上少許彩妝大師河比裕介創立品牌「&be」的打亮膏。這樣就完成了看起來健康且有光澤感的底妝。

化妝箱

我所有的化妝品都放在 Amazon 上選購的化妝箱裡。這個化妝箱可以簡單整理好桌面上所有的化妝品及工具，也不會破壞房間的氛圍，可以在家中任何地方輕鬆化妝，也可以把整個箱子帶出去，使用起來非常方便。

附帶一提，我有五種不同的粉底，當要穿著較正式的服裝時，我會選擇能提升肌膚整體質感的底妝。

5 四十歲後髮質乾燥，換一款吹風機

大約從四十歲後半開始，我開始感覺到頭髮老化，主要表現是頭髮變得毛躁、髮質較乾。但現在這些情況都已經改善了。

我特別意識到保溼。為了保留頭髮和頭皮的水分，洗澡後我會立刻用毛巾把頭髮擦乾，然後均勻噴上頭髮專用的化妝水。吹頭髮時，從頭頂往下吹，可以使毛鱗片（按：覆蓋在每根頭髮的表面，以保護髮絲。健康的毛鱗片呈現閉合狀態）排列整齊，這也是保持頭髮有光澤的訣竅。我平常使用戴森（Dyson）的吹風機，它可以保護頭髮的光澤，並在短時間內把頭髮吹乾。我也驚訝的發現，光是換一款吹風機，髮質就會出現變化。

另外，我習慣在晚上洗頭。我會在浴缸裡悠閒的泡澡，讓毛孔充分張開，然後用溫水沖掉頭皮上的髒汙之後，再使用洗髮精。假如毛孔中殘留汙垢，洗髮產品就無法充分發揮保溼的效果。

洗髮與護髮產品

我的頭髮護理用品基本上都是使用 fika 沙龍的原創產品。系列產品使用富含礦物質的深海水所製成，特別吸引人。

髮用化妝水和護髮油

左邊的是 fika 原創的髮用化妝水，是我在早上進行頭髮保溼時的愛用品。右邊的是髮用保養油，在吹完頭髮之後塗抹，可以預防髮質的毛躁及損傷。

梳子及頭皮按摩刷

洗頭時，我會使用可以按摩頭皮的刷子（左邊照片中下面那支）。在塗抹護髮產品後，如果使用梳子均勻梳開，可以充分護理每一根頭髮，使髮絲變得更加柔軟滑順。

專欄。

視訊或自拍，畫面超好看

線上會議、線上聚會，或者用手機自拍……近年來，有越來越多機會看到自己的臉出現在電腦螢幕、手機畫面上。我能理解有些人「看到自己在螢幕上的臉時，感到格外失望」的心情。

但是其實只要透過練習，妳就能讓畫面中的自己，比真正的自己美上三〇％！

線上美人的訣竅

● 巧妙導入光線：懂得活用光線的人就贏了。這不是說光線越明亮越好，而是要找到能讓臉部獲得適當光源的地方。這點在自然光或室內照明都適用。

● 調整鏡頭角度：調整鏡頭的角度，確認自己在畫面中不是俯視或仰視角度，而是能直接平視對方眼睛的位置，比較容易給人良好的印象。

自拍美人的訣竅

● 了解自己好看的角度：臉部總是會有左右差異。哪一邊的臉比較好看，光照鏡子是很難察覺的。需要確認拍攝出的照片，尋找出自己最好看的角度。

● 自拍需要練習：要找出自己好看的角度，就必須適度練習自拍。可以透過改變臉部角度、光線的照射方向和表情等方式來進行。在家裡就可以練習，失敗的照片馬上刪掉就好。

第四章。

臉部問題消失，內心就強大了

每個人都煩惱、掙扎、痛苦過，

因此，更需要護理心靈。

Q1

我本來就不是美女，就算從現在開始努力，大概也沒辦法變漂亮。

A

每個人都有獨特的美。就算從現在才開始，願意努力的人都很棒！

壓、按、拉提，美自然出現

美麗因人而異。有高雅的美、可愛的美、凜然的美，每個人都有不同的美。

然而，當筋膜產生偏移時，眼睛和鼻子的位置，以及嘴角的角度，都會微妙的歪斜，美麗因此遭到掩埋。

透過自我護理，妳肯定能感受到某個「我發現自己的美！」的瞬間。就像在打磨原石，從內部透亮出光澤的寶石，無論顏色或光芒如何，都各具魅力，看著大家藉由護理而重拾美麗，都讓我很感動。我覺得若有人不了解自己的美，實在很可惜。即使是從「現在開始」也沒關係，讓我們一起拉提，讓這份美麗光芒，成為妳一生的寶藏。

即使六十歲，也能有效改善肌膚狀況

——N・Y（六十多歲）

當我邁入六十歲時，發現臉部開始鬆弛、嘴角下垂，我感覺看起來像隻鬥牛犬。此外，我的臉還有其他問題：深深的法令紋、眼睛下方的細紋、下垂的眼皮……我覺得自己很難看，所以平常不想照鏡子，也不想見任何人。

在很長一段時間裡，我對自己毫無自信，帶著灰暗的心情生活。當我知道由美子老師的課程後，有了想改變的念頭。「但我已經六十幾歲了，現在才開始護理，會不會沒有效果……？」我因此猶豫不決。

不過，我很慶幸自己最後鼓起勇氣報名課程。幾次下來，我臉上的皺紋變淡了，眼皮恢復彈性，臉頰線條也變得俐落許多。「堅持下去，就能改善問題」，這比什麼都要來得令人高興。

雖然我起步晚，離自己的理想還很遙遠，但我想繼續努力下去。

Q2

五十歲後，臉部開始下垂，眼睛也變小了。雖然去過美容院和進行小臉矯正，但都沒有效果，對自己越來越沒自信……。

A

當筋膜恢復彈性，能有效改善骨骼的位置。用自己的雙手來調整是最快的方法。

比起每週一次的高價療程，每天按摩更有效

我認為美容院的價值，在於提供良好的休息與放鬆效果，但美容院對臉部表面進行的療程，對筋膜和骨骼沒有太大影響。所以做了小臉矯正後，有些人覺得臉部出現變化，但往往過了幾天就會恢復原本的樣子。

要是每天都去美容院，不但花錢也花時間。

另一方面，做自我護理時，我們自己就是美容師，即使每天進行，也不會花太多錢，而且能看到一定的效果。在三個月、半年後，妳會發現臉部產生極大的改變。

只要掌握技巧，自我護理將成為妳一生的財富。

自我拉提，給我自信與安心感

——Mille（五十多歲）

隨著年齡增長，人越來越容易只看到自身的負面因素，心情與動力因此受影響。若這時有「我還有這個，所以不會有問題」的存在，人們會變得更堅強。對我來說，自我護理就是那樣的存在。

我曾嘗試臉部瑜伽，甚至買過高價的美容儀器，但並沒有像廣告上說的那麼有效。在我感到煩悶不已時，接觸到了本書作者的課程。實際嘗試後，不論是臉部下垂、嘴角與下巴的贅肉，以及眼周、頸部和嘴脣上的皺紋等問題，明顯獲得改善。

贅肉消失、皺紋變淡……只要用自己的雙手，就可以改變自己，每次的變化，都令我深受感動。現在的我因為自我護理，而擁有自信和安全感！

Q3

現在的醫療美容，簡單又方便，而且似乎能立即見效。在這樣的環境下，自我護理仍然是更好的選擇嗎？

A

醫療美容沒有終點。帶著不安度日，真的會幸福嗎？

拉提，最自然變美的方式

曾有學員向我表示：「我曾接觸美容醫療，但彷彿永遠都不會到達結束療程的那天，有時覺得很痛苦。」假如停止醫美療程，感覺會比以前變得更糟，所以只好帶著不安的心情持續下去，我經常聽到這樣的案例。

努力變美，心裡卻仍有不安，甚至產生「不希望讓別人知道」的消極情緒，著實令人遺憾。

事實上，每個人都希望珍惜自己原本的模樣。即使年紀漸增，我們也想說出：「我喜歡自己的臉！」為了達成這個目標，就應該用最自然的方式變得更美麗。因為這樣，妳才會越來越喜歡自己。

堅持自我護理是最正確的選擇！

——R．M（四十歲後半）

邁入四十歲後，我的臉開始下垂，眼袋變得格外明顯。我向美容診所諮詢時，他們說：「只能從內側進行手術，切除多餘的脂肪。」、「若脂肪再度堆積，就需要再動手術。」而且費用不低，更重要的是我實在很害怕。

後來，我在網路上搜尋其他解決辦法，進而認識了由美子老師。「像我這種三天打魚，兩天晒網的人，真的能堅持下去嗎？」當初，我心裡這麼想著，但在接受課程後，我眼下區域的浮腫消了許多。雖然隔天一早起來，又恢復原狀，於是我又急忙進行護理……反覆幾次之後，反而變成一種習慣。

過了一段時間，我見到一位曾向我詢問醫美資訊的朋友，她驚訝的問：「妳去做了整形手術？」直到那時，我才真實的感覺到：「自我護理果然很有用！」後來，另一個朋友也稱讚我「皺紋都消失了，皮膚看起來很好」。這讓我覺得，自己能堅持下來，真是太好了！

Q4

無論做什麼事，我都無法堅持……總覺得自己沒辦法每天做好護理。

A

臉部筋膜自我護理，有「讓人想每天堅持下去」的魔力。

臉立刻有變化，讓我能堅持下去

事實上，我的學員中，十個有九個都說過類似的話，但她們還是堅持下去了。這是因為她們的臉上確實產生了變化。「今天有什麼不一樣嗎？」學員們開始願意照鏡子，看見自己的臉變得更加美麗，她們非常開心。學員更表示，調整好筋膜和骨骼後，身體的循環也跟著改善、更舒適。

從各種意義上來說，自我護理或許是會令人上癮。

要完全掌握按壓方法，大部分人可能需要花一個星期，請堅持下去，並將此視為一種挑戰。一旦熟練了這些方法，自然會養成護理的習慣。

「不去做，什麼都不會改變」

——眞理子（五十多歲）

說實話，我在接受由美子老師的課程後，沒有繼續進行護理。如果硬要找藉口，就是工作太忙、沒有時間重看影片來仔細學習護理手法。

一個月後，看著我沒有任何變化的臉，老師平靜的說：「只有妳自己才能做到。假如妳不做，那麼什麼都不會有改變。」這句話簡直一語中的。之後，我依照自己狀況進行調整，在工作空檔等閒暇時間，我加快影片速度，牢記基本動作。現在，我可以一邊泡澡，一邊不看任何東西，只憑腦海中的印象來拉提筋膜。

堅持一段時間後，我的肌膚變得更加緊實，臉部左右不對稱的情況也消失了。不僅如此，肩頸處也不像過去那樣僵硬，以前容易失眠的我，現在睡眠狀況有很大的改善。我由衷感謝當時由美子老師給予我的批評和指教。

Q5

我對自己毫無信心，遲遲無法踏出改變的那一步。

A

信心需要慢慢建立。任何小事都可以，總之先踏出小小的第一步。

臉和身體的變化，帶動內在的改變

心與身體相互連結。我的學員們一開始總會懷疑自己：「我能做到嗎？」然而，當她們的臉部開始出現改變，她們表情和語言中漸漸展現自信，眼睛也閃閃發亮。看到她們這樣的改變，我覺得非常感動。

過去的我也有類似的經驗，我在懷孕期間增加二十公斤，甚至開始嚴重失眠。但我克服那些困難後，更想珍惜「改變後的自己」，也想「好好的愛自己」。有了這些想法後，我才較有餘力關心身邊的人們。

由於這些正向的循環，才有現在的我。當我們踏出改變的第一步，信心會隨後跟上。

我有屬於我的美，自我護理使我產生了勇氣

——N．S女士（四十多歲）

雖然我過去對美容沒有任何興趣，但到了四十歲時，開始察覺臉部左右不對稱，皺紋和鬆弛等肌膚問題。朋友因此不斷的問：「妳是不是很累？」、「妳還好嗎？」令我感到十分震驚。

就在那時，我認識了由美子老師，那份美麗與認真研究的態度，讓我決定參加她的課程。堅持一段時間後，我臉部左右差異消失了，臉頰的鬆弛、皺紋，以及凹陷等狀況也大幅減少。

過去的我，連靠近百貨公司化妝品專櫃的勇氣都沒有。而前幾天，我第一次到百貨公司專櫃購買化妝品，店員稱讚我皮膚很好、鼻梁工整漂亮，我聽了之後非常開心。

自我護理成了我勇氣的來源，無論多麼疲憊，我都能從中獲得「明天也能繼續加油」的勇氣。

結語。
我靠自己的雙手塑造美麗

「真的是同一個人嗎？」、「妳現在看起來年輕多了！」當我把過去的照片跟現在的照片放在一起，別人往往十分驚訝。有時甚至會被問道：「妳是不是有整形？」

不過，我沒有接受任何整形或醫療美容的療程，我現在擁有美麗，全是靠自己的手塑造出來的，這令我引以為傲。

但說實話，當我第一次公開三、四十歲的照片時，確實有些猶豫。那時的我，因照顧小孩和家人而忙碌，幾乎沒有時間能好好照顧自己，每天都過得十分疲憊。而且我那時的照片非常少，可能只在孩子入園、入學典禮、旅行，或是朋友婚禮上才會拍照。所以要公開這種滿臉浮腫、法令紋明顯的照片，著實讓我覺得很不好意思，也需要很大的勇氣。

不過，看著這些過去的照片，我想起自己的努力。正因為有那個時期的我，才成就了現在的自己。我想，這樣的我，也會影響六、七十歲的自己。我由衷希望無論到了幾歲，都能喜歡並且珍惜自己的臉，為了展現這份決心，我才決定公開自己過去的照片。

在本書中，也收錄幾位學員的照片。我相信大家在思考要不要公開時，一定和我當初一樣猶豫不決。畢竟對任何人來說，自己的外貌都是獨一無二、無可取代的。

即便如此，還是有人因「如果能幫助到別人就好了」、「希望有更多人認識筋膜自我護理」，而選擇提供協助。我想向這些學員表達自己最真切的感謝。

或許拿起本書的妳，也有「討厭自己的臉」、「不想接受變老的自己」的想法。我想說，請務必實際嘗試書中的技巧。只要動動雙手，用心執行，妳一定會開始喜歡自己，甚至有些疼惜起過去的自己。

最後，我想對所有參與製作本書的相關人士、歷任恩師以及家人和朋友們表達感謝。

也謝謝所有願意填寫問卷調查和提供照片的學員們，真的打從心底感激各位。正因為有你們，我才能走到這裡。在未來的日子裡，也讓我們一起持續進化下去吧！

國家圖書館出版品預行編目（CIP）資料

筋膜拉提美顏，年輕不只10歲：每天10分鐘，消皺紋、塑小臉、除法令紋與黑眼圈，上妝更容易，朋友甚至懷疑妳去醫美。/佐藤由美子著；林佑純譯. -- 初版. -- 臺北市：大是文化有限公司， 2023.09

176面；14.8 × 21公分. --（Easy；118）
譯自：一生、進化する筋膜リフト美顔
ISBN 978-626-7328-60-6（平裝）

1.CST：皮膚美容學

425.3　　112011968

EASY 118

筋膜拉提美顏，年輕不只10歲

每天 10 分鐘，消皺紋、塑小臉、除法令紋與黑眼圈，上妝更容易，朋友甚至懷疑妳去醫美。

作　　者／佐藤由美子
譯　　者／林佑純
責任編輯／陳竑悳
校對編輯／黃凱琪
美術編輯／林彥君
副總編輯／顏惠君
總 編 輯／吳依瑋
發 行 人／徐仲秋
會計助理／李秀娟
會　　計／許鳳雪
版權主任／劉宗德
版權經理／郝麗珍
行銷企劃／徐千晴
業務專員／馬絮盈、留婉茹
業務經理／林裕安
總 經 理／陳絜吾

出 版 者／大是文化有限公司
台北市 110 衡陽路 7 號 8 樓
編輯部電話：（02）2375-7911
購書相關資訊請洽：（02）2375-7911 分機 122
24 小時讀者服務傳真：（02）2375-6999
讀者服務 E-mail：dscsms28@gmail.com
郵政劃撥帳號／19983366　戶名／大是文化有限公司

法律顧問／永然聯合法律事務所
香港發行／豐達出版發行有限公司
Rich Publishing & Distribution Ltd
香港柴灣永泰道 70 號柴灣工業城第 2 期 1805 室
Unit 1805, Ph.2, Chai Wan Ind City, 70 Wing Tai Rd, Chai Wan, Hong Kong
Tel：2172-6513　Fax：2172-4355
E-mail：cary@subseasy.com.hk

封面設計／孫永芳　內頁排版／孫永芳　印刷／鴻霖印刷傳媒股份有限公司
出版日期／2023 年 9 月初版
定　　價／399 元（缺頁或裝訂錯誤的書，請寄回更換）
IBSN　978-626-7328-60-6（平裝）
電子書 ISBN ／ 9786267328620（PDF）9786267328613（EPUB）